Carl-Auer

Christina Grubendorfer

Einführung in systemische Konzepte der Unternehmenskultur

Dritte Auflage, 2023

Umschlaggestaltung: Uwe Göbel
Satz: Verlagsservice Hegele, Heiligkreuzsteinach
Printed in Germany
Druck und Bindung: CPI books GmbH, Leck

MIX
Papier aus verantwortungsvollen Quellen
FSC® C083411
FSC www.fsc.org

CPI klimaneutral
Mehr Bäume.Weniger CO_2

Dritte Auflage, 2023
ISBN 978-3-8497-0105-5 (Printausgabe)
ISBN 978-3-8497-8420-1 (ePub)

Bibliografische Information der Deutschen Nationalbibliothek:
Die Deutsche Nationalbibliothek verzeichnet diese Publikation in der Deutschen Nationalbibliografie; detaillierte bibliografische Daten sind im Internet über http://dnb.d-nb.de abrufbar.

Informationen zu unserem gesamten Programm, unseren Autoren und zum Verlag finden Sie unter: **https://www.carl-auer.de/**.
Dort können Sie auch unseren Newsletter abonnieren.

Carl-Auer Verlag GmbH
Vangerowstraße 14 • 69115 Heidelberg
Tel. +49 6221 6438-0 • Fax +49 6221 6438-22
info@carl-auer.de

Inhalt

Einleitung: Der systemische Blick auf Unternehmenskultur

In diesem Buch wird Unternehmenskultur systemisch betrachtet, das heißt, Unternehmenskultur wird systemtheoretisch erklärt. Dabei wird überwiegend auf Autoren Bezug genommen, die dies zuvor auch getan haben. Das hier ausgerollte Verständnis von Unternehmenskultur wird von Autoren abgegrenzt, die sich Unternehmenskultur anders als systemtheoretisch erklären. Vor allem wird Kultur durch die systemtheoretische Erklärung auf eine (vielleicht neue, hoffentlich aber) hilfreiche Weise beobachtbar. Wer nun allerdings ein Werk erwartet, das alles, was je über Unternehmenskultur gesagt wurde, kommentiert, der wird enttäuscht. In theoretischer Hinsicht greift dieser Beitrag zur Unternehmenskultur das reichhaltige Denk- und Begriffsrepertoire der neueren Systemtheorie auf. Er behält jedoch auch stets die Praxis im Blick, einerseits die Erfahrungen der Autorin mit den verschiedensten Unternehmen und Organisationen, andererseits die Herausforderungen an Führungskräfte, Berater und Studierende, sich diesem Thema zu nähern. Ziel war es, eine praktische Theorie über Unternehmenskultur zu entwickeln, die für die Reflexion verschiedenster Situationen und Fragestellungen nützlich ist. Vor allem soll darauf hingewirkt werden, dass mit Gestaltungsaufgaben betraute Personen, etwa Manager oder Berater, damit aufhören zu versuchen, Unternehmenskulturen direkt beeinflussen und gezielt verändern zu wollen. Die Aufmerksamkeit soll auf andere Möglichkeiten der Unternehmensentwicklung gelenkt werden, die dann auch immer eine Veränderung der Unternehmenskultur mit sich bringen, dies aber indirekt und mit Überraschungspotenzial.

Ein Vorwissen über Systemtheorie ist nicht dafür notwendig, dieses Buch zu lesen. Es wurde darauf verzichtet, an jeder Stelle, an der es möglich gewesen wäre, explizit auf die Systemtheorie

Bezug zu nehmen, denn sonst wäre dies sicherlich ein dicker Wälzer geworden. Es geschieht nur dann, wenn es unerlässlich erscheint, damit Gedankengänge nachvollziehbar werden. Wer sich gerne trotzdem oder gerade deshalb näher mit der Systemtheorie befassen möchte, der könnte dies zum Beispiel über die Lektüre der *Einführung in Systemtheorie und Konstruktivismus* (Simon 2006).

Was heißt »systemtheoretisches Erklären«?

1) Es werden zirkuläre statt kausale Erklärungen genutzt. Es wird nicht in Ursache-Wirkungs-Zusammenhängen gedacht, sondern in Netzwerken, Rückkopplungen, Schleifen und Kreisen. Statt dass Objekte isoliert betrachtet werden, wird auf die Relationen zwischen Objekten geschaut.
2) Statt dass in linearen Zusammenhängen gedacht wird, wird vermutet, dass kleine Impulse große Auswirkungen haben können und große Impulse verpuffen können.
3) Unternehmen werden als nichttriviale soziale Systeme betrachtet, die nicht kontrollierbar sind. Die Zukunft eines Unternehmens kann nicht vorhergesagt oder berechnet werden.
4) Dass Unternehmen eine statische Struktur aufweisen, liegt an dynamischen Prozessen, die dafür sorgen, dass das Unternehmen überlebt.
5) Ein Unternehmen wird als ein sich selbst erzeugendes (autopoietisches) System gesehen, das durch sein Netzwerk an Interaktionen seine eigenen Grenzen aufbaut und innerhalb dieser Grenzen abgeschlossen funktioniert.
6) Alles, was über die Welt oder – in diesem Fall – über Unternehmenskultur, gesagt wird, wird von einem bestimmten Beobachter konstruiert, wobei die Qualität der Beobachtungen weniger danach bewertet wird, wie »wahr« sie sind, sondern danach wie nützlich sie sind.

Wer sich ermuntern lassen möchte, sich gar nicht erst daran zu versuchen, Unternehmenskultur zu definieren, der lese *Wozu Kultur?* von Dirk Baecker:

> »Wenn es ein bestimmtes Merkmal des Begriffs der Kultur gibt, dann die verbreitete Auffassung, dass dieser Begriff nicht zu definieren ist. Wer es trotzdem versucht, zeigt damit, dass er dem Begriff nicht gewachsen ist« (Baecker 2000, S. 33).

Irgendwie ist es trotzdem gelungen, die folgenden Seiten über Kultur zu schreiben.[1]

Warum wir eigentlich besser von Organisationskultur sprechen sollten, es aber trotzdem nicht tun ...

Kurz gesagt, es scheint anschlussfähiger, in der Praxis von Unternehmenskultur zu sprechen anstatt von Organisationskultur. Von Organisationskultur sprechen vor allem durch die neuere soziologische Systemtheorie geprägte Personen, und davon gibt es gar nicht so viele, was durchaus bedauernswert ist. Schon allein der Begriff »Organisation« stößt in seiner praktischen Verwendung immer wieder auf Unverständnis, zum Beispiel bei Führungspersonen der Wirtschaft. Wenn wir[2] sagen: »Wir sind Organisationsberater«, dann denken die meisten, dass wir anderen sagen, wie sie irgendetwas besser organisieren sollen. Die wenigsten Personen denken beim Begriff »Organisation« bisher an ein Unternehmen, eine Gesellschaft, eine Institution, ein Amt, eine Verwaltung, ein Krankenhaus, eine Hochschule, eine Schule, einen Verein. Dabei wäre das alles damit gemeint. Das kann man jetzt schade finden, weil der Begriff Organisation doch eine Art Gattungsbegriff sein könnte für alle diese »aufgabenbezogenen Systeme«, mit denen die meisten Menschen in unserer Gesellschaft durch Mitgliedschaft ihr Geld verdienen. Angesichts

1 Natürlich lässt sich zu diesem Thema weitaus mehr sagen, als es in dieser knappen Einführung möglich ist. Weitere Kapitel finden Sie auf der Seite http://www.carl-auer.de/machbar/einfuehrung_in_systemische_konzepte_der_unternehmenskultur. Dort beschäftigen wir uns u. a. mit Denkfehlern am Beispiel der Unternehmenskultur nach Schein und mit dem Aspekt »Kultur als Antwort auf Dynamik und Paradoxie«.

2 Mit »wir« sind die Autorin und Beratungskolleginnen und -kollegen gemeint.

dieser Tatsache wäre es angemessen, von Organisationskultur zu sprechen. Doch da potenzielle Leser nicht gleich mit dem Buchtitel vergrault werden sollten, heißt es nun *Einführung in … Unternehmenskultur.* Wir möchten mit diesem Buch aber nicht zuletzt darauf hinwirken, dass sich das Verständnis für Organisationen und ihre spezielle Funktionsweise verbreitet. Denn es könnte doch ganz nützlich sein zu verstehen, wie eine Organisation funktioniert, wenn man es schon den ganzen Tag lang damit zu tun hat. Und ja womöglich dafür bezahlt wird, Einfluss darauf zu nehmen, was dort passiert, sei es als Führungskraft oder als Berater.

1 So geht das hier nicht! Was, zum ...!, ist denn hier los? Eine Annäherung an Unternehmenskultur

»Es war mir schon vorher klar, dass in diesem Unternehmen einiges anders sein würde, als ich es aus meinem vorigen Job kannte. Ich hatte mich auch darauf eingestellt, dass ich viel Neues aufnehmen müsste, die vielen neuen Kollegen, die üblichen Machtspielchen, das Abchecken, wer ich bin, was ich kann ... Klar, damit war zu rechnen. Und dass es in so einem Start-up irgendwie chaotischer ablaufen würde als in einem Konzern, davor hatte man mich auch schon im Vorstellungsgespräch gewarnt. Das fand ich aber gut und spannend. Meine Erwartungen haben sich dann auch bestätigt, nur noch viel extremer. Die Zeitrechnung ist hier eine andere. Was da draußen ein Jahr ist, das sind hier drinnen sieben, es muss alles noch schneller gehen, mit noch weniger Mitteln, noch pragmatischer, dafür aber nicht weniger wirksam. Es wird auf einem richtig hohen Niveau miteinander gearbeitet, die meisten oberen Führungskräfte hier haben Erfahrung als Unternehmensberater oder waren irgendwo mal in einer Topposition, die arbeiten hier in erster Linie für das Abenteuer, nicht für das Geld. Sie wollen was Großes bewirken, und das können sie hier auch. Das ist absolut faszinierend, was hier gespielt wird. Dabei entstehen natürlich auch Konflikte, die Stimmung bei uns in der Abteilung war schon ziemlich schlecht, als ich ankam, irgendwie fehlte allen der Überblick. Bei alldem gab es hohe Erwartungen an mich. Eigentlich hat man mich wohl eingestellt, damit ich diese Konflikte hier alle mal löse. Das würde so keiner sagen, und es hat mir auch nie einer gesagt, aber alle schauten mich mit großen Augen an. Mittlerweile habe ich mich an das Tempo schon gewöhnt, aber gut finde ich es trotzdem nicht, dass ich nicht einmal Zeit habe, einen klaren Gedanken zu fassen und etwas richtig zu durchdenken.«

(Personalleiterin in einem Logistikunternehmen, drei Monate nach Arbeitsbeginn)

»Mein Einarbeitungsplan ist auf sechs Monate ausgerichtet, in dieser Zeit darf ich die Bekanntschaft mit allen möglichen Abteilungen und Leuten machen. Es ist hier wichtig, dass alle immer wissen, was jeder so macht, und man sich auch kennt. Meine Chefin mit ihren cholerischen Anfällen fällt da irgendwie aus dem Rahmen. Wenn das mal bekannt wird, dann wird sie nicht zu halten sein. Komisch, dass das keiner anspricht. Toll ist, dass der Chef sogar manchmal persönlich bei uns in der Hauptverwaltung rumgeht und sogar die meisten mit Namen begrüßt. Dass der sich das alles merken kann! Und er ist sich auch nicht zu schade, mit demselben Aufzug wie alle zu fahren. Man erzählt sich, dass er mal einen Kunden mit einer Fahrradrikscha am Bahnhof abgeholt hat. Aber der hat es voll drauf, dem macht so schnell keiner was vor. Meine Kollegin meinte, er will immer alles ganz genau wissen und lässt sich sogar bei jedem neuen Produkt die Kampagnenzahlen zeigen. Bis wir im Marketing dann wissen, welche Grafik wir nehmen sollen, ist das alles über 20 Tische gelaufen. Also, Geduld muss man hier schon haben. Und nicht zu viel wollen, denn sonst läuft man gegen die Wand. Schön abwarten, bis man positiv auffällt, und darauf vertrauen, dass man dann eine Chance bekommt zu zeigen, was man kann. Aber das ist okay, ich bin dieses strebsame Ellenbogengehabe auch satt. Hier kann ich jetzt bis zur Rente bleiben, wenn ich will. Klar, man weiß es nie, aber wir haben hier Betriebszugehörigkeiten von über 30 oder 40 Jahren, die Leute bleiben, weil sie sich wohlfühlen. ›We are family‹ steht hier an der Wand. Das ist natürlich schon auch irgendwie ein Muss, dass ich da am Donnerstag mit den anderen zum Schwimmen gehe. Und mein erstes Projekt ist nun die Planung des Sommerfestes im nächsten Jahr, da lasse ich mir was Schönes einfallen.«

(Mitarbeiter im Marketing eines Buchverlags, einen Monat nach Arbeitsbeginn)

Es geht in Unternehmen viel wilder zu, als es nach außen hin präsentiert wird. In unserer Beratungspraxis dürfen wir mit den verschiedensten Unternehmen und deshalb unweigerlich mit den verschiedensten Unternehmenskulturen Bekanntschaft machen. Wir sehen uns immer wieder fasziniert die Besonderheiten an. Wahrscheinlich gibt es ebenso viele Unternehmenskulturen, wie es Unternehmen gibt. Und es ist ungemein spannend, sich immer wieder auf Entdeckungsreise zu begeben: Wie ist es da? Wie gehen die Leute miteinander um? Wie sieht es da in den Büros aus? Wie muss man sich anziehen, wenn man dahin geht? Welche Fettnäpfchen gibt es? Was müssen wir tun, um möglichst gut anschließen zu können an diese ganz eigene Wirklichkeit eines Unternehmens? Diese Fragen dürfen wir natürlich nicht stellen, zumindest nicht ohne einen Auftrag dafür zu haben. Wir müssen es selbst herausfinden. Und das ist das Besondere an Unternehmenskulturen, man hat sie einfach und spricht nicht darüber. Die Bedingungen zur Mitarbeit in einem Unternehmen sind vertraglich geregelt, doch das reicht bei Weitem nicht dafür aus, erfolgreich zusammenzuarbeiten. Eine neue Außendienstmitarbeiterin in der Pharmaindustrie kann nur sehr eingeschränkt in die nicht ganz legalen Mittel zur Manipulation der Verschreibungspraxis von Ärzten eingearbeitet werden. Sie muss selbst daraufkommen, sie muss spüren, was von ihr erwartet wird.

Die Unternehmenskultur ist maßgeblich für das Handeln in einem Unternehmen, sie prägt das Geschehen. Aber was ist Unternehmenskultur?

Es gibt in Unternehmen offensichtlich ungeschriebene Gesetze, auf den ersten Blick Unsichtbares, implizite Regeln, einen blinden Fleck, ein »Unterleben« (Kühl 2010b, S. 3), eine Art »Hinterbühne der Organisation« (Pfläging 2014, S. 61), eine »tiefer liegende Schicht« (Baitsch u. Nagel 2014, S. 273), eine unbewusste »Grammatik« (Simon 2007, S. 99).

Der große Hype um die Unternehmenskultur begann in den späten 1970er-Jahren, als sich die Aufmerksamkeit vermehrt auf die »soften« sozialen Beziehungen und symbolischen Aspekte in Organisationen richtete. Für eine erste prominente Verwendung des Begriffs in der Organisationstheorie ist Pettigrew zu nennen (1979, pp. 570 f.). Schon Barnard (1938, p. 120) erwähnte, dass man sich nur dann in einer Organisation zurechtfindet, wenn man die »unsichtbare Steuerung« erkennt und sich die »informellen Prozesse« aneignet.

Unzählige Konzeptionen von Kultur wurden verfasst und bis heute kontrovers diskutiert. Zwei Positionen können unterschieden werden: 1) *Eine Organisation hat eine Kultur* (Kultur als Variable einer Organisation), wie sie die sogenannten Corporate-Culture-Studien und die kulturvergleichende Managementforschung vertreten, versus: 2) *Eine Organisation ist eine Kultur* (Kultur als Metapher für Organisation), wie sie von der kognitiven, der symbolischen, der strukturalistischen und psychodynamischen Organisationstheorie vertreten wird. Einen Überblick über die Vielfalt der Organisationskulturforschung geben zum Beispiel Smircich (1983), Allaire und Firsirotu (1984), Meyerson und Martin (1987), Martin et al. (2006), Raeder (2000).

1.1 Unternehmenskultur als Vergleich

»Haben die denn da eine Unternehmenskultur?« … Eigentlich sollte klar sein, dass es nicht um die Frage geht, *ob* ein Unternehmen eine Kultur hat, sondern *welche* Kultur es hat. Und trotzdem hören wir immer mal wieder Personen in der Form darüber sprechen, dass wir Zweifel hegen, ob das wirklich so klar ist. Da wird dann beispielsweise gefragt, ob ein bestimmtes Unternehmen denn schon eine Kultur implementiert habe. So als ob es auch kulturfreie Unternehmen gäbe. Damit wird dann meist auch eine Bewertung vorgenommen, denn wer eine Kultur habe, sei klar im Vorteil … Dabei verhält es sich mit der Kultur genau wie mit dem Wetter, es gibt keinen Gegenbegriff: »Es gibt keinen kulturfreien Raum, und es gibt keine Zeit ohne Wetter« (Simon 2004, S. 223).

Vielleicht hat die Frage nach dem *Ob* seinen Ursprung darin, dass die alten Griechen und Römer die Angehörigen der eigenen Völker für Menschen und alle anderen für Barbaren hielten. Da ist es nicht weit zu der Unterscheidung zwischen »kultiviert sein« und »nicht kultiviert sein«, wobei nicht kultiviert zu sein oder »barbarisch« zu sein wahrscheinlich keine Zuschreibung ist, mit der man sich besonders wohlfühlt. Rousseau war im 18. Jahrhundert einer der Ersten, der gesellschaftliche Zustände als gute bzw. schlechte kulturelle Zustände beschrieben und damit das *Welche* thematisierten.

Doch statt uns zu verhalten wie die alten Römer, sollte uns beim Blick auf Unternehmenskulturen klar sein: Die einen machen es so, die anderen machen es anders, aber nicht deshalb, weil sie keine guten Unternehmen (bzw. Barbaren) sind, sondern weil sie eine andere Unternehmenskultur haben. Kultur wird damit zu einer Frage des Vergleichs. Doch erst wenn man der Bewertung der Kultur den Rücken zudreht und sich auf das *Welche* einlässt, lässt sich Kultur vergleichen. Erst die Fokussierung auf die Merkmale einer Unternehmenskultur ermöglicht es uns, den Begriff in der Praxis zu verwenden. Der Kulturbegriff bleibt sonst inhaltsleer.

Das setzt allerdings das Wissen über andere Möglichkeiten voraus. Wer gefangen ist in der Annahme, es gebe entweder Kultur oder nicht, der wird nicht beginnen, Kulturen miteinander zu vergleichen. Wer sich mit Kulturen befassen möchte, der sollte sich sein Wissen über andere Möglichkeiten zunutze machen und damit Begebenheiten interessant finden. Etwas interessant zu finden bleibt allerdings nicht ohne Folgen:

> »Man muss sich das vorstellen: Ein Gläubiger kniet nieder und beginnt ein Gebet. Ein Intellektueller stellt sich neben ihn und sagt: ›Wie interessant! Weißt du, dass andere Völker an ganz andere Götter glauben?‹ Wie kann der Gläubige, der an seinen Gott glaubt, darauf reagieren? [...] Wie kann er glauben, wenn andere anders glauben? Was kann er wissen, wenn andere anderes wissen? Wer ist sein Gott, wenn andere ihn nicht kennen? [...] All das nur wegen einer harmlosen Rückfrage: ›Wie interessant!‹« (Baecker 2000, S. 48 f.).

»Wie interessant!« leitet eine Praxis des Vergleichs und der Reflexion ein. »Wie interessant!« richtet die Aufmerksamkeit auf das, was andere tun, denken und glauben und nährt damit das Wissen über die Kontingenz[3] aller Kulturen.

Wer sind denn die Akteure, die sich heute interessiert (und damit vergleichend) der Kultur eines Unternehmens zuwenden? Das sind zum Beispiel Bewerber, die sich fragen, wie sie arbeiten möchten und die über den Vergleich zwischen verschiedenen Unternehmen selbstverständlich auch bei der Frage landen: »Was passt besser zu mir? Duzen oder Siezen? Selbst entscheiden können oder erst zehn Leute fragen müssen? In Sneakers zur Arbeit gehen oder in handgenähten Lederschuhen? Offen die private Situation beim Mittagessen besprechen oder sich diskret zurückhalten? Leistungsdruck spüren oder die Sicherheit, bis zur Rente dabeibleiben zu können, wenn ich nicht silberne Löffel stehle? Was passt zu mir?« Leider lassen sich diese Fragen häufig erst dann beantworten, wenn der Vertrag schon unterschrieben ist. Fest steht, das Thema »Unternehmenskultur« rückt in den Fokus, vor allem auch durch den Arbeitskräftemangel und die Machtverhältnisse auf dem Arbeitsmarkt, die zugunsten der Arbeitnehmer entschieden sind. Auf der einen Seite steht der (potenzielle) Mitarbeiter und auf der anderen Seite steht das Unternehmen, das sich plötzlich so reflektieren muss, dass die Unterschiede zu anderen Unternehmenskulturen sichtbar und verwertbar werden.

1.2 Unternehmenskultur als Spielregeln

Statt die Frage zu beantworten, was Kultur »ist«, soll zunächst infrage stehen, was als Kultur beobachtbar ist und wie Kultur in Erscheinung tritt. »Kultur« wird damit zu einem Begriff 2. Ord-

3 Der Begriff »Kontingenz« geht historisch zurück auf Aristoteles. »Kontingenz ist etwas, was weder notwendig ist noch unmöglich ist; was also so, wie es ist (war, sein wird), sein kann, aber auch anders möglich ist. Der Begriff bezeichnet mithin Gegebenes (Erfahrenes, Erwartetes, Gedachtes, Fantasiertes) im Hinblick auf mögliches Anderssein; er bezeichnet Gegenstände im Horizont möglicher Abwandlungen. Er […] bezeichnet […] das, was, von der Realität aus gesehen, anders möglich ist« (Luhmann 1984, S. 152).

nung. Beobachtbar in einem sozialen System (wie es ein Unternehmen ist) sind natürlich letztlich immer nur die Handlungen der Akteure und die Auswirkungen ihres Verhaltens, zum Beispiel auf die Unternehmensstruktur, die Raumgestaltung oder die Erstellung von Dokumenten wie Geschäftsberichten, Strategien oder Handbüchern.

Welche Handlungen sind als Kultur beobachtbar? Wollen wir uns der Antwort nähern, scheint die Benutzung der Spielmetapher hilfreich. Das Spielkonzept hat als Metapher für Kommunikation[4] eine lange Tradition im systemischen Feld und scheint unternehmerischen Problemstellungen angemessen zu sein (vgl. Simon 2004, S. 66, 2007, S. 49). Die Denkfigur des Spiels ermöglicht es einem Beobachter, im Zusammenhang mit Unternehmenskulturen nach Spielregeln, Mitspielern, Gewinnchancen und Verlustrisiken zu fragen, und setzt den Akzent auf den kollektiven Charakter der Kultur (weitreichend dazu Friedberg 1995, S. 130 f.). Der Begriff »Spiel« taucht bei Luhmann nicht auf. Er hielt auf anderem Weg Einzug in die Organisationstheorie (vgl. Crozier u. Friedberg 1977; Watzlawick, Beavin u. Jackson 1967). Die Voraussetzung für das Zustandekommen eines Spiels ist, dass die Beteiligten zur Metakommunikation fähig sind. Gemeint ist, dass die Mitspieler in der Lage sind, sich darauf zu verständigen, dass sie ein Spiel spielen, bzw. darauf, in einem bestimmten unternehmerischen Kontext bestimmte Regeln einzuhalten. Es wird folglich immer gleich mitkommuniziert, dass die Regel nur deshalb befolgt wird, weil dies in Unternehmen XY gewünscht ist. Dadurch ist auch gleich klar, wo die Grenze des Spiels ist bzw. wo »Nichtspiel« ist (siehe

4 Der Begriff »Kommunikation« beschreibt nach Luhmann eine Operation, die soziale Systeme erzeugt und erhält. Dieser Kommunikationsbegriff beschreibt etwas anderes als das, was »allgemein« unter Kommunikation verstanden wird. Bei Luhmann ist Kommunikation die Synthese dreier Selektionen: Information, Mitteilung und Verstehen, wobei die Kommunikation realisiert ist, wenn das Verstehen zustande gekommen ist (vgl. Luhmann 1984, S. 191 f.).

grundlegend zur Theorie des Spiels Bateson 1981a). Die Spielmetapher sollte jedoch nicht als unernste Simulation der Realität missverstanden werden, die ohne Konsequenzen bleibt. Auch soll damit nicht nahegelegt werden, dass es sich immer um planvolle, strategisch auf ein Ziel ausgerichtete Spielzüge handelt.

Das »Spiel« Unternehmen

Das Spiel kann gut als Metapher für das Unternehmen (das soziale System) selbst genutzt werden, die Spieler sind dann die Akteure in einem Unternehmen (das können Mitarbeiter sein, Teams, Abteilungen oder Bereiche), die Spielzüge sind die Aktionen der Akteure, die Spielführer (gibt es ja in manchen Spielen) sind die Führungskräfte, und die Spielregeln entsprechen den Kommunikationsmustern, die sich innerhalb des Unternehmens entwickeln. Das Spiel selbst ist durch die Spielregeln definiert. Die Spielregeln ordnen die Aktionen (Spielzüge) der Akteure (Spieler) zeitlich und räumlich.

Spielregeln wirken in Unternehmen als Verhaltenserwartungen. Sie vermitteln, welche Verhaltensweisen erwünscht sind und welche unterlassen werden sollten, und markieren so einen Raum, in dem sich jeder frei bewegen kann. Neben den vertraglichen Regelungen gibt es in Unternehmen eine Vielzahl von Spielregeln, die zusätzlich einzuhalten sind. Wer mitspielen möchte, muss auch diese Spielregeln[5] kennen. Das Vertrackte ist: Diese weiteren Spielregeln sind nirgendwo nachzulesen und können nur auszugsweise bei den Mitspielern erfragt werden. Doch wer sich nicht daran hält und die gesteckten Markierungen überschreitet, hat die Konsequenzen bis hin zum Rauswurf zu tragen.

Es spielt keine Rolle, wer die Mitspieler sind, solange sie die Spielregeln befolgen können. Dabei soll gleich mitgedacht sein,

5 In Kapitel 2 dieses Buchs wird der Begriff »Entscheidungsprämisse« eingeführt, den wir dann synonym mit »Spielregel« verwenden werden.

dass es auch zu den Spielregeln gehören kann, das Spiel in einer besonderen Qualität spielen zu können. Nicht jeder Pimpf, der die Fußballregeln kennt, kann in der Bundesliga mitspielen. In Unternehmen wird über Zugangsbeschränkungen sichergestellt, dass nur bestimmte Mitspieler zum Spiel zugelassen werden. Wenn sich neue Mitspieler finden, so darf davon ausgegangen werden, dass sie sich freiwillig dazu entschieden haben, das Spiel mitzuspielen. Und sie können auch jederzeit wieder aus dem Spiel aussteigen (zumindest innerhalb des vertraglich geregelten Rahmens der Kündigungsfristen). Sie können aber auch von den anderen Mitspielern rausgeworfen werden, wenn sie sich nicht an die Regeln halten. Für Unternehmen gilt der Anspruch, dass Mitspieler sechs Monate Zeit haben, um ihre Spielkompetenz zu beweisen, dafür gibt es die Probezeit. Wer es schafft, innerhalb dieses Zeitraums im Spiel zu bleiben, der wird aufgenommen und kann fortan nicht mehr mir nichts, dir nichts gekündigt werden.

Die »Spiele«, die in einem Unternehmen gespielt werden, folgen einer Eigenlogik, die unabhängig von den Interessen der einzelnen Spieler ist. Denn die Spielregeln sind oft schon viele Jahre zuvor entstanden.

Die Nutzung der Spielmetapher für die Arbeit mit und an Unternehmen hat viele Vorteile. Sie ermöglicht den Gedanken, dass die Spieler austauschbar sind. Was auch gut so ist, damit die Spielregeln dauerhaft Anwendung finden können. Es braucht aber unbedingt Mitspieler, denn ohne sie käme kein Spiel zustande. Man könnte auch sagen, ohne Kommunikation findet kein Spiel statt. Kommunikation ist der Mechanismus, der das Spiel in Gang bringt bzw. der das Spiel »ist«.

Kultur als »grammatische Regeln«

Wie kommen wir vom Spiel zur Kultur? In einem Unternehmen gibt es eine Vielzahl von Spielregeln. Welche davon sind nun der Unternehmenskultur zuzuschreiben? Simon (2007, S. 98 f.) vergleicht die Spielregeln einer Unternehmenskultur mit den grammatischen Regeln der Sprache (in Anlehnung an die Konzepte des Kulturanthropologen Edward T. Hall, der Kultur als Medium der Kommunikation sieht, vergleichbar mit einer Sprache). In der Verwendung einer Sprache wird jemand sofort als fremd erkannt, der die Grammatik nicht beherrscht. Wer sie beherrscht, gehört dazu. Wer die Regeln, die Ordnung verletzt, gehört nicht dazu. Eine Unternehmenskultur funktioniert dabei ähnlich wie eine Sprache. Wer in ein Land kommt, dessen Sprache er nicht spricht, der hat Verständigungsschwierigkeiten. Aber mehr noch. Es reicht nicht aus, einzelne Wörter der Sprache zu kennen, um sich zurechtzufinden. Auch bei der Verwendung einer Sprache ist es wichtig, ein Gespür für Kontexte zu entwickeln, in denen etwas gesagt wird, oder auch dafür, mit welchen Gesten das gesprochene Wort begleitet wird. Und dann interpretieren zu können, wie genau dieser Kontext und diese Gesten das Gesagte in seiner Bedeutung beeinflussen:

Von den »Benutzern« einer Sprache wird gewöhnlich nicht hinterfragt, warum die Grammatik so ist, wie sie ist bzw. ob sie sinnvoll so ist oder vielleicht anders sein könnte, sollte, dürfte. So ist das bei Unternehmenskulturen auch, kulturelle Regeln werden wie Naturgesetze behandelt, sie werden nicht bewusst reflektiert. Es wird einfach erwartet, dass sie eingehalten werden:

> »Kultur ist all das, was wir nicht zur Disposition zu stellen bereit sind. In Kirchen nehmen wir die Mütze ab, in Museen betrachten wir die Bilder schweigend, und in Seminaren halten wir grundsätzlich Blatt und Stift bereit« (Baecker 2000, S. 59 ff.).

In diesem Sinne wird Kultur nicht auffällig, solange sie nicht verletzt wird. Kulturelle Spielregeln fallen erst dann auf, wenn durch überraschendes Verhalten oder unerwartete Entscheidungen gegen sie verstoßen wird.

Unter Kultur kann in einem gegebenen sozialen System (Spiel) der Teil des Spiels verstanden werden, dessen Regeln als selbstverständlich vorausgesetzt und angewandt werden und die erst ins Bewusstsein treten, wenn sie verletzt werden.[6]

Aber wie können kulturelle Spielregeln erlernt werden, wenn sie nicht bewusst reflektiert werden? Hier hilft der Blick auf das Erlernen einer Sprache. Die Grammatik einer Sprache vermittelt sich über die Anwendung, die Praxis. Es ist nicht erforderlich, dass man die grammatischen Regeln benennen kann. So sind auch Vorschulkinder bereits in der Lage, grammatikalisch einwandfreie Sätze in ihrer Muttersprache zu bilden. Und so ist es dann auch mit den kulturellen Spielregeln in einem Unternehmen. Sie werden während des Spiels über die Anwendung erlernt und müssen dafür nicht benannt werden.

Die Unternehmenskultur kommt in Form besonderer Spielregeln daher, die nicht explizit Inhalt der Kommunikation sind – im Unterschied zu den offiziellen, zum Beispiel vertraglich vereinbarten Spielregeln. Das Selbstverständliche an den kulturellen Spielregeln beschert ihnen eine besondere Kraft (oder sagen wir: Sprengkraft), denn da sie selbstverständlich sind, entziehen sie sich auch der Metakommunikation und können deshalb nur sehr schwer verändert werden.

Dazugehören und im Spiel bleiben

Unternehmenskulturen erfüllen die Funktion, ein Zugehörigkeitsgefühl und die damit verbundenen Anforderungen an die Mitarbeiter zum Ausdruck zu bringen. Unternehmenskulturen fordern Anpassung, ohne diese Anpassungsforderung aber explizit zu thematisieren.

6 Diese Definition ist eine Abwandlung von Simon (2004, S. 225) dort heißt es: »Unter Kultur kann in einem gegebenen sozialen System das Spiel verstanden werden, dessen Regeln als selbstverständlich vorausgesetzt und angewandt werden und die erst ins Bewusstsein treten, wenn sie verletzt werden.« Die Autorin findet es jedoch passender, die Kultur als Teil des Spiels zu bezeichnen, da zum gesamten Spiel auch z. B. formale Regeln gehören.

»Erst Anthropologen oder Soziologen entdecken die latente Funktion dieser Art von Kommunikation, das Zusammengehörigkeitsbewusstsein und seine moralischen Anforderungen zum Ausdruck zu bringen, ohne dies direkt zum Thema der Kommunikation zu machen und es damit der Annahme oder Ablehnung auszusetzen« (Luhmann 2000, S. 243).

Kulturelle Regeln sichern die Beziehungen zwischen den Personen in einem Unternehmen und sorgen für eine deutliche Innen-außen-Unterscheidung. Durch die Herstellung und Aufrechterhaltung von sozialen Grenzen wird Zugehörigkeit bzw. Nichtzugehörigkeit zum sozialen System sichtbar. Wer die Regeln nicht kennt, kann nicht mitspielen bzw. wird unabsichtlich gegen die Regeln verstoßen und als Fremder entlarvt. Das Erlernen der Spielregeln ist wie eine Eintrittskarte für den Club. Je schwieriger es ist, die Spielregeln zu befolgen, desto exklusiver ist die Zugehörigkeit. Die Mitarbeit in einem Unternehmen kann nicht offiziell mit Berufung auf einen Verstoß gegen kulturelle Regeln beendet werden. Soll die Mitarbeit beendet werden, so müssen andere, formal haltbare Gründe gefunden (oder zumindest benannt) werden. Verstößt ein Mitarbeiter wiederholt gegen die kulturellen Regeln, so gehört er zunächst informell nicht mehr dazu, sein Rauswurf wird dann zu gegebener Zeit auf andere Weise herbeigeführt (vgl. Simon 2004, 2007).[7] Alle Spielregeln ergeben zusammen eine Art Verfassung der Organisation, an die Mitgliedschaftsbedingungen gekoppelt sind (Malinowski 1941, S. 89).

Verletzungen kultureller Spielregeln sind mit heftigen emotionalen Reaktionen der anderen Mitspieler verbunden, die auf Nachfrage häufig nicht erklären können, worauf genau sie so stark reagieren. Mehr noch, ihre Affekte interpretieren sie in einem bestimmten Kontext als völlig normal.

7 In der Denkfigur des Spiels zeigt sich (so passend für die Unternehmenskultur) die Koexistenz von Kontrolle und Konsens, von Zwang und Freiheit (vgl. Ortmann 2013, S. 20 f.).

»Wenn der meint, dass er mit so einer Art und Weise hier klarkommt, dann hat er sich aber gewaltig geschnitten. Wie der sich beim Chef einschleimt, das ist ja nicht auszuhalten, von wegen internationale Erfahrung, überall einsetzbar, es gibt keine Probleme, nur Herausforderungen ... Super, da muss der Chef jetzt ja denken, wir sind faule Socken, wenn wir nicht genau wie der bis um acht hier rumhocken und wild auf der Tastatur rumhacken. Der schreibt den Code ja noch bis tief in die Nacht. Klar, wer keine Freunde hat, der hat die Arbeit. Aber wie gesagt, der wird schon eingenordet, wird schon sehen, wie beliebt er sich mit dieser Schleimtour bei uns im Team macht« (Mitarbeiter eines Tech-Teams über einen neuen Kollegen).

Kulturell erwartetes Verhalten lässt sich nicht in einen Arbeitsvertrag schreiben und kann in den meisten Fällen auch nicht als Kündigungsgrund angeführt werden. Kulturell sind alle Erwartungen in der Organisation, die nicht explizit mit Bezug auf die Mitgliedschaftsbedingungen formuliert oder eingefordert werden (können), aber trotzdem strukturgebend sind. In den meisten Agenturen gibt es die Erwartung, vor großen Pitchs an mehreren Tagen hintereinander bis tief in die Nacht hinein zu arbeiten, um in sehr kurzer Zeit die großen Arbeitsmengen zu bewältigen. Die Mitarbeiter spüren den Druck, sich an diesem Arbeitsmarathon zu beteiligen. Die zu leistenden Überstunden wären aber von der Geschäftsführung nicht einklagbar, weil sich die Mehrarbeit weder mit dem Arbeitsvertrag noch mit gesetzlichen Arbeitszeitregelungen vereinbaren ließe.

Kulturelles Verhalten wird durch Imitation erlernt und durch implizite Erwartungen weitergegeben. Implizit deshalb, weil die Beteiligten meist nicht sagen können, welches Verhalten in einer bestimmten Situation erwartet wird. Eine neue Kollegin entdeckt nach und nach die Seitenwege jenseits der ausgeschilderten Wege. Sie lernt durch Beobachtung, welches Netzwerk von Personen sie vorab konsultieren muss, wenn sie mit ihrem Konzept beim Abteilungsmeeting punkten möchte.

Kulturelle Regeln erfüllen für Unternehmen häufig auch die Funktion, sich in rechtlichen Grauzonen bewegen zu können. So lässt sich nicht anordnen, dass die Außendienstmitarbeiter eines Pharmaunternehmens dem Gedächtnis der Apothekenmitarbeiter (dass es sich bei dem neuen Produkt um ein sehr empfehlenswertes Medikament handelt) durch wertige Geschenke auf die Sprünge helfen sollen. Das verträgt sich nicht mit der Gesetzeslage. Erfüllt ein Außendienstmitarbeiter jedoch nicht die Erwartungen des Arbeitgebers, so muss er damit rechnen, sich in Zukunft bei einem anderen Unternehmen bewerben zu müssen. Im Zweifel (vor Gericht) hat es diese Erwartung an den Mitarbeiter nie gegeben.

Zusammenfassend lässt sich sagen, dass abweichendes Verhalten das Bewusstsein für kulturelle Muster fördert. Von externen Beratern darf erwartet werden, dass sie sich dessen bewusst sind und vielleicht sogar eine stille Freude daran haben, als kulturelle »Beleuchter« zu fungieren, die durch ihr regelbrechendes Verhalten die Kultur zum Vorschein bringen. Fallen? Herzlich willkommen.

1.3 Unternehmenskultur als Deutungsrahmen

Wie ein Verhalten gedeutet und bewertet wird, das hängt ganz stark davon ab, in welchem Kontext (durch welchen Rahmen) es beobachtet wird. Unternehmenskulturen bilden einen Kontext, einen Deutungsrahmen für Ereignisse. Kulturen als selbst gesponnene Bedeutungsgewebe ermöglichen es, soziale Ereignisse zu verstehen (vgl. Geertz 1987). Sie wirken als Verhaltenserwartungen und geben einem Beobachter Auskunft darüber, welches Verhalten als adäquat empfunden wird und welches nicht. Ohne verbindende kulturelle Deutungsmöglichkeiten wäre Kommunikation gar nicht möglich. Kultur entsteht in jedem sozialen System und trägt dazu bei, dass Verständigung funktioniert. Ohne Kultur müsste ständig neu ausgehandelt werden, welche Bedeutung ein Verhalten hat. »Kultur ist eine Codierungsregel für Kommunikation« in einem sozialen System (Baecker 2000, S. 108). Ob etwas in den Fokus der Aufmerksamkeit gelangt, ob etwas bedeutsam erscheint und, vor allem, wie ein Geschehnis bewertet wird, das hängt sehr stark von der Unternehmenskultur ab. Um sich innerhalb eines kulturellen Deutungsrahmens zu verständigen, müssen die Personen die Zeichen zu deuten wissen, die ihnen innerhalb dieses Rahmens begegnen. Diese Regeln und Zeichen sind im Laufe der Zeit entstanden, auch wenn keiner weiß, wann und wie sie entstanden sind. Denn was sich als kulturelle Spielregeln etabliert, das mag zwar zufällig sein, es ist deshalb aber nicht beliebig.

Je nachdem, in welchem unternehmenskulturellen Kontext sich eine Person bewegt, wird sie kontextspezifische Erwartungen an ihr Verhalten wahrnehmen. Und ihr Verhalten wird kontextspezifisch gedeutet und verstanden. Ein und dasselbe Verhalten, zum Beispiel die Frage des neuen Mitarbeiters der Marketingabteilung nach den strategischen Zielen des Unternehmens, kann in Unternehmen A als Zeichen für die strategische Kompetenz der Person gedeutet werden, in Unternehmen B als Frechheit (»Strategie ist Chefsache, was mischt der sich da ein?«) und in Unternehmen C als Dummheit (»Wenn er die strategischen Ziele immer noch nicht verstanden hat, ist ihm nicht zu helfen«). Was in dem einem Unternehmen zu Irritationen führt, könnte im nächsten ganz unauffällig vonstattengehen.

Während eines Beratungsgesprächs in einem Softwareunternehmen betritt ein Mitarbeiter das Büro mit einem orangefarbenen Einkaufskörbchen, in dem sich Lebensmittel befinden. Wir externen Berater sind offensichtlich die einzigen, die diese Begebenheit merkwürdig finden. Auf unsere Nachfrage hin, was es mit den Plastikkörben auf sich habe, erklärt man uns, es handele sich um einen kleinen Einkauf in der »Zwischenversorgung«, einem der überall im Unternehmen eingerichteten Minisupermärkte, in denen sich die Kollegen mit dem Nötigsten versorgen könnten, wenn die Kantine geschlossen habe. Wir beschlossen, es von nun an nicht mehr merkwürdig zu finden, wenn uns Mitarbeiter mit Einkaufskörben im Aufzug oder im Flur begegneten. Wie sich herausstellte, blieb es für uns trotzdem Anlass für einen amüsierten Blickwechsel.

Ein solcher Blick auf Unternehmenskulturen als Orientierungs- und Deutungsrahmen für und von Verhalten ist günstig, denn er sorgt für ein besseres Verständnis der unterschiedlichsten Verhaltensmuster in Unternehmen.

1.4 Kultur und Identität

Dass eine Person zu einem bestimmten Unternehmen dazugehört, sagt etwas darüber aus, wer sie ist. Das Selbstbild wird stark von dem beeinflusst, womit sich eine Person den ganzen Tag beschäftigt und wie diese Beschäftigung bei anderen Personen angesehen ist, die ihr wichtig sind. Dabei fühlt sich eine Person meist mehreren sozialen Systemen zugehörig, zum Beispiel »Vorstand einer Umweltorganisation«, »Mutter von Max«, »Österreicherin mit spanischen Wurzeln«, »Vegetarierin«, »Yogini«, »Sängerin einer Jazzband«, »Systemikerin« usw. Der individuelle Mix von Zugehörigkeiten zu unterschiedlichen sozialen Systemen bestimmt die jeweilige unverwechselbare Identität einer Person (vgl. Simon 2007, S. 101, mit Bezug auf Devereux 1978). Identitätsbildend wirken dabei vor allem die Zuschreibungen, die eine Person aufgrund ihrer Zugehörigkeit zu bestimmten sozialen Systemen von anderen Personen erhält. Das können Zuschreibungen von Personen sein, die entweder zu demselben sozialen System gehören (und somit Teil eines kommunikativen Aushandlungsprozesses sind, der die Identität hervorbringt), oder von Personen, die diese Zugehörigkeit zu einem sozialen System von außen beobachten und bestimmte Erwartungen daran knüpfen. Die zentrale Frage zur eigenen Identität lautet dann: »Werde ich von anderen so wahrgenommen, wie ich mich selbst sehe und sehen will?«

Die eigene Identität wird mit dem wahrgenommenen Außenbild (dem zurückgemeldeten Image) abgeglichen und entwickelt sich entlang den dadurch bewusst gewordenen Differenzen oder Ähnlichkeiten. Je besser Selbst- und (selbst beobachtetes) Fremdbild zusammenpassen, desto »stimmiger« (bzw. authentischer) fühlt sich die Person.

Die Zugehörigkeit zu einem bestimmten Unternehmen hat einen großen Einfluss auf die Identitätsentwicklung einer Person. Je länger eine Person sich einem Unternehmen zugehörig fühlt, desto prägender ist diese Zugehörigkeit für die Identitätsentwicklung. Da sich die Zugehörigkeit zu einer Unternehmenskultur an der Einhaltung der kulturellen Regeln zeigt, sollte den Mitgliedern einer Organisation sehr daran gelegen sein, sie einzuhalten, um weiter dazugehören zu dürfen. Umgekehrt ist das Regelbrechen ein gutes Mittel, der Organisation den Rücken zuzukehren.

Es ist davon auszugehen, dass Unternehmenskulturen den Wunsch nach Zugehörigkeit zu einem bestimmten Unternehmen und dadurch die Identität von Personen stark beeinflussen.

Warum Widerstände zu erwarten sind

Weil Unternehmen und ihre kulturellen Spielregeln für Mitarbeitende identitätsbildend wirken, lassen sich Unternehmenskulturen schwer verändern. Das eigene Dasein, das Selbstbild wird stark davon beeinflusst, womit sich eine Person den ganzen Tag beschäftigt und wie diese Beschäftigung bei anderen Personen angesehen ist, die ihr wichtig sind. Hat eine Person dann einen Arbeitgeber gefunden, der ihren Vorstellungen entspricht, der zu ihr passt, so ist verständlich, dass die Person auf eventuelle Veränderungen sensibel reagiert und sie womöglich sehr kritisch hinterfragt, denn schließlich geht es hier um einen Veränderungsversuch im Hinblick auf die eigene Identität. Akzeptiert werden nur Veränderungen, die mit der eigenen Identität kompatibel sind. Es ist davon auszugehen, dass Personen, die gerne in einem Unternehmen arbeiten und dort bleiben möchten, versuchen werden, die tradierten kulturellen Regeln und damit auch die eigene Identität zu bewahren. Kulturelle Regeln wirken konservativ.

1.5 *Kultur und Passung* (cultural fit)

Möchte ein Unternehmen aus einer Reihe von Neueinstellungen gestärkt hervorgehen (sich selbst bestätigen), so sollte es darauf achten, Personen einzustellen, die zu seiner Identität passen. Möchte sich ein Unternehmen hingegen gerne auf eine produktive Weise irritieren lassen und womöglich Neues lernen, so kann es gezielt nach Personen Ausschau halten, die sich nicht schnell und einfach ins Unternehmen »hereinsozialisieren« lassen. Das kann für beide Seiten ein fruchtbarer Lernprozess sein. Der Schuss kann aber auch nach hinten losgehen. Unternehmen treiben in der Regel erheblichen Aufwand, um ihre neuen Mitarbeiter in ihre Werte, Überzeugungen und kulturellen Regeln einzupassen, obwohl es ihnen guttäte, sich für Neues zu öffnen, um sich daran zu reiben, sich selbst zu beobachten und zu reflektieren (mehr zu dieser Ambivalenz bei Wimmer 2012, S. 40).

Ob jemand in ein Unternehmen passt oder nicht, ob er seine Kompetenzen dort einbringen kann (und möchte), das hat mit der Passung im Hinblick auf die jeweilige Unternehmenskultur zu tun. Mit »Passung« meinen wir einerseits ein Verständnis für das Unternehmen und seine Spielregeln sowie die Möglichkeit, mit seinem Verhalten und seinen Kompetenzen daran anzuschließen und dort ins Spiel zu kommen. Andererseits meinen wir damit auch die Passung hinsichtlich der Identität einer Person, die sich auch daran zeigt, inwiefern die Person die Beziehungsangebote des Unternehmens akzeptieren kann.

Die Besser-Passer

Gibt es so etwas wie eine »unternehmenskulturelle Kompetenz«? Wenn ja, wäre sie ganz sicher nicht darin zu suchen, möglichst viele verschiedene Unternehmenskulturen zu kennen bzw. ihre Spielregeln zu beherrschen. Denn auch wenn jemand Französisch, Russisch, Portugiesisch, Niederländisch und Schwedisch spricht, so kommt er damit in China ganz sicher nicht zurecht. Es soll aber Menschen geben, die besonders gut die verschiedensten Sprachen neu erlernen können. Da kommen wir der Sache schon näher. Vielleicht gibt es Menschen, die besonders gut Unternehmenskulturen erlernen können. Eine »unternehmenskulturelle Kompetenz« zu haben bedeutet, besonders schnell Spielregeln herausfinden zu können, nach denen unbekannte Akteure ein unbekanntes Spiel spielen, und sich dann möglichst schnell in dieses Spiel einzufügen:

> »Um einen neuen Fachausdruck in die Welt zu setzen, soll diese Anschlussfähigkeit an unterschiedliche Kommunikationssysteme und ihre Spielregeln (von nun an und in allen Zeiten) als ›polykontexturale Kompetenz‹ bezeichnet werden. « (Simon 2004, S. 168).

Zur polykontexturalen Kompetenz gehört aus unserer Sicht vor allem die Erkenntnis, dass jedes Unternehmen nach eigenen Spielregeln funktioniert, an die man sich anzupassen hat. Wer das weiß, ist schon mal klar im Vorteil und wird nicht versuchen, das Spiel nach Spielregeln zu spielen, die er in einem anderen Kontext erworben hat. Wer aus der Perspektive auf ein Unternehmen schaut, dass es nach einer ganz eigenen Logik funktioniert, wird respektvoller und bescheidener sein. Dem Akteur geht es dann eher darum, diese ganz spezifischen Spielregeln mithilfe seiner sozialen Intelligenz zu verarbeiten. Mit sozialer Intelligenz ist das Vermögen gemeint, soziale Signale wahrzunehmen, zu verstehen und behalten zu können. Psychologische Tests konnten übrigens zeigen, dass die soziale Intelligenz unabhängig von der allgemeinen Intelligenz ist und sich auch üben lässt (Conzelmann et al. 2013).

Eine Person mit einer hohen polykontexturalen Kompetenz wird es leichter haben, sich in den verschiedensten Unternehmenskulturen zu bewegen. Nicht nur für Führungskräfte mit

Veränderungsvorhaben ist diese Kompetenz von großem Vorteil, sondern auch für Berater, die es immer wieder mit den unterschiedlichsten Unternehmenskulturen zu tun bekommen und sie berücksichtigen müssen, wenn sie sich anschlussfähige Interventionen aus welchen Anlässen auch immer ausdenken.

2 Unternehmenskulturen geben Struktur – oder: Der Umweg über die systemische Organisationstheorie

Zu einem tieferen Verständnis der Unternehmenskultur und ihrer Funktion kommen wir nur über einen Umweg. Wir brauchen ein Verständnis für Unternehmen – eines, das sich für unsere Fragestellung als nützlich erweist: ein systemtheoretisches Verständnis von Unternehmen.[8] Die neuere Systemtheorie eignet sich unserer Meinung nach deshalb so gut, weil sie der Komplexität von Unternehmen gerecht wird. Sie eröffnet gleichzeitig ganz neue Perspektiven auf Unternehmen. Was ist die Grundoperation von Unternehmen? Wodurch existieren sie, und wie sichern sie ihren Fortbestand?

Wie gehen Unternehmen mit der Unsicherheit um, die sie tagtäglich auf die Probe stellt? Sie nutzen einen Trick: Unternehmen transformieren ihre generelle Unsicherheit in situative Sicherheit, indem sie Entscheidungsmöglichkeiten produzieren und sie dann bearbeiten, sie absorbieren Unsicherheit durch Entscheidungsprozesse. Ein Unternehmen erhält sich selbst über Unsicherheitsabsorption (vgl. Luhmann 2000, S. 183 f.).

> »Entscheidungen sind somit organisationsinterne Ereignisse, mit deren Hilfe eine unsichere Situation (man könnte so oder auch anders vorgehen) kommunikativ in eine vorübergehende »Sicherheit- und orientierungstiftende Festlegung transformiert wird« (Wimmer 2012, S. 37).

Man kann sagen, ein Unternehmen »besteht« operativ aus der fortlaufenden Kommunikation von Entscheidungen. Eine Ent-

8 Einen sehr gut verständlichen Überblick gibt Simons *Einführung in die systemische Organisationstheorie* (2007). Wer sich dann noch intensiver mit der neueren Systemtheorie befassen möchte, könnte die Arbeiten von Luhmann (1984, 1997, 2000), von Baecker (1999, 2003, 2007), von von Foerster (1993) und von Weick (1985, 1995, 2001, 2009) lesen.

scheidung informiert darüber, wie weiter entschieden werden sollte usw. Dieser Blick auf Unternehmen unterscheidet sich ganz wesentlich von Konzepten, die davon ausgehen, dass Unternehmen aus ihren Mitarbeitern bestehen – aus ihren Gebäuden, ihren Anlagen, ihrer Technologie … Systemtheoretisch auf Unternehmen zu schauen hat zur Folge, dass Entscheidungen und nicht Individuen (Führungskräfte, Mitarbeiter etc.) als die Grundelemente eines Unternehmens betrachtet werden.

Individuen sind für Unternehmen selbstverständlich eine überlebenswichtige Umwelt. Unternehmen sind auf die Wahrnehmungen, die Einschätzungen, die Urteile ihrer Mitglieder angewiesen, denn soziale Systeme können nicht wahrnehmen. Doch Unternehmen bestehen nicht aus psychischen Systemen, nicht aus Menschen. Entscheidungen in Unternehmen sind »ein kommunikatives Ereignis und nicht etwas, was im Kopf eines Individuums stattfindet« (Luhmann 2000, S. 141 f.). Da Unternehmen aber dennoch auf die Wahrnehmungen ihrer Mitarbeiter angewiesen sind, müssen sie es schaffen, dass diese Wahrnehmungen auch genutzt werden können. Es macht für ein Unternehmen sehr wohl einen Unterschied, ob es beispielsweise von einer Person geführt wird, die ihre Einschätzungen selbstsicher thematisiert, oder von einer Person, die alle Ideen aus Unsicherheit lieber für sich behält. Denn nur was in die Kommunikation eines Unternehmens gelangt, kann Wirkung entfalten. Und was genau in die Kommunikation eines Unternehmens gelangt, das ist entscheidend für den Erfolg. Aber zumeist bestimmt dies nicht der Einzelne, sondern das Kommunikations- und Entscheidungsmuster legt nahe, ob eine Einzelperson Gehör findet, ob Zweifel kommuniziert werden, ob Führungskräfte Gefolgschaft bekommen oder nicht.

Es geht so lange weiter mit einem Unternehmen, solange Entscheidungen zustande kommen. Wenn in einem Unternehmen keine Entscheidungen mehr getroffen werden, dann hört es auf zu existieren. In Unternehmen wird täglich eine Vielzahl von Akteuren und Aktionen koordiniert. Darin liegt auch die wesentliche Funktion von Unternehmen, sie ermöglichen die gleichzeitige Bearbeitung von (sich häufig sogar widersprechenden) Aufgaben an verschiedenen Orten. In Unternehmen werden Entscheidungen mit weitreichenden Konsequenzen getroffen, zum Beispiel bezüglich Standortschließungen mit den daraus folgenden Personalentlassungen, aber auch Entscheidungen mit überschaubareren Auswirkungen, etwa darüber, wer für eine bestimmte Position infrage kommt, oder gar darüber, ob für ein bestimmtes Meeting Kekse bestellt werden dürfen. Wie organisiert sich die Kommunikation in einem Unternehmen so, dass kein unüberschaubares Durcheinander entsteht? Wie kann es gelingen, dass Entscheidungen getroffen werden und man sich dabei auch sicher sein kann, dies vollziehe sich im Interesse des Unternehmens? Es gelingt, indem sich die Akteure an bereits getroffenen Entscheidungen orientieren und die damit verbundenen Erwartungen an ihr eigenes Verhalten berücksichtigen. Es ist der spezifische Charakter von Unternehmen, dass sich Entscheidungen auf zuvor getroffene Entscheidungen berufen (und verlassen) können. Die dadurch absorbierte Unsicherheit ermöglicht es den Akteuren, weiterzumachen und sich dabei auch noch sicher zu fühlen. Wohlgemerkt, es würde keine Entscheidungen geben, wenn es keine Unsicherheit in Unternehmen gäbe.

Es ist davon auszugehen, dass sich diejenigen Akteure in einem Unternehmen als erfolgreich herausstellen, die besonders gute Antennen dafür haben, das eigene Handeln nach kommunizierten Entscheidungen auszurichten. Doch nicht jede Entscheidung wird explizit als Entscheidung benannt. Der Arbeitsalltag der Mitarbeiter besteht nicht nur aus Entscheidungen, sondern auch aus nicht als Entscheidung beobachteten Handlungen. Ein Meeting wird nicht plötzlich abgebrochen, nur weil der Chef hustet. Womit wir bei Luhmanns Doppelantwort auf die Frage gelandet sind, woraus soziale Systeme bestehen: »aus Kommunikation und aus deren Zurechnung als Handlung« (Luhmann 1984, S. 240).

Heute, in Zeiten des Übergangs zu digitalen Unternehmensformen und ihren rätselhaften Auswirkungen auf Marktentwicklungen, Geschäftsmodelle und unternehmerische Prozesse, verändert sich die Verbindung zwischen Unternehmen und Personen. Unternehmen und Personen sind schon lange nicht mehr so lose gekoppelt,[9] wie es in Zeiten tayloristisch geführter Unternehmen der Fall gewesen sein mag, als Arbeitsprozesse größtenteils in einfache Handgriffe zerlegt wurden, die auch ungelernte Arbeiter verrichten konnten. Viele Personen sind heute aufgrund des benötigten Spezialwissens nicht mehr einfach austauschbar. Es macht mitunter einen großen Unterschied, welches psychische System auf welcher Stelle in einem Unternehmen eingesetzt wird. Doch gleichzeitig nimmt die Menge verfügbarer Personen zu, denn Unternehmen sind nicht mehr darauf angewiesen, ihre Wissensarbeiter in Festanstellung präsent vor Ort einzusetzen. Durch die Digitalisierung können komplexe Aufgaben in kleine Module zerlegt und weltweit an Personen vergeben werden, die diese Module lösen können und gerade Zeit dafür haben (vgl. Cole 2013). Wird nun die Wissensarbeit industrialisiert? Vielleicht liegt der Versuch im Wesen von Unternehmen, die in ihrer ganz eigenen Daseinslogik danach streben, sich möglichst unabhängig von einzelnen Personen weiterzuentwickeln? Es stellt für Unternehmen ein unabschätzbares Risiko dar, sich in Abhängigkeit von einzelnen Personen zu begeben. Es widerspricht der Rationalität von aufgabenbezogenen Systemen (wie Unternehmen es sind). Unternehmen werden einen Umgang mit dieser Doublebind-Situation finden müssen.

9 »Lose Kopplung bedeutet, dass Elemente eines Systemzusammenhangs, der kaum als ein solcher erscheint, aufeinander eher plötzlich als dauerhaft, eher unscheinbar als überdeutlich, eher indirekt als direkt und eher verzögert als sofort Einfluss nehmen.« (Baecker 2000, S. 78).

2.1 Entscheidungsprämissen

Im Unterschied zum täglichen Prozess des Entscheidens entstehen in Unternehmen im Laufe der Zeit Entscheidungsprämissen[10], die wie ein »Leitsystem für Entscheidungen« wirken (Boos u. Mitterer 2014, S. 51). In ihnen bündeln sich rahmensetzende Entscheidungen als Anleitung für alltägliche operative Entscheidungen. »Prämisse« steht dabei für Voraussetzungen, die bei ihrer Anwendung nicht mehr geprüft werden, als wären sie eine höhere Wahrheit.

Wer für ein Unternehmen tätig wird, akzeptiert, dass er sich an die durch die Entscheidungsprämissen vorgegebene Erwartungsstruktur halten wird. Er verschreibt sich ganz bestimmten Mitgliedschaftsbedingungen. Entscheidungsprämissen sind deshalb nichts anderes als Spielregeln (siehe oben).

> »Auch beim Skat, Monopoly oder Mensch-ärgere-dich-nicht gelingt die Koordination der ›an sich‹ autonomen Mitspieler nur, wenn sie bestimmte Spielregen (= Entscheidungsprämissen) akzeptieren« (Simon 2012, S. 86).

In Unternehmen begegnet uns häufig die Entscheidungsprämisse: »Wer seine Teilnahme an einem Meeting bestätigt hat, muss auch tatsächlich zum Meeting erscheinen.« Das führt dann beispielsweise dazu, dass bei Nichterscheinen eines angemeldeten Teilnehmers abgewartet wird, ob der Teilnehmer vielleicht ein paar Minuten verspätet erscheint. (Es sei denn, es gibt eine weitere Entscheidungsprämisse: »Wir beginnen immer pünktlich mit unseren Meetings.«) Erscheint er auch nach fünf Minuten nicht, wird er angerufen. Ist der Teilnehmer nicht »am Platz« und auch unter seiner Mobilnummer nicht erreichbar, werden E-Mails über Smartphones verschickt, jemand geht den Vermissten suchen, oder es werden weitere Personen befragt. Wie lange diese Bemühungen andauern, das ist ganz verschieden. Es

10 Der Begriff »Entscheidungsprämisse« geht zurück auf Herbert A. Simon (1955).

ist in Einzelfällen schon vorgekommen, dass das ganze Meeting abgesagt wurde, weil eine bestimmte Person nicht erschienen ist. Gäbe es die Entscheidungsprämisse nicht, hätten die Anwesenden vielleicht einfach mit dem Meeting begonnen, ohne sich darum zu kümmern, wo die Person bleibt. Vielleicht wäre die Abwesenheit gar nicht aufgefallen.

»Prämisse« heißt, es wird nicht bezweifelt, dass eine bestimmte Erwartung an das Verhalten besteht. Die Sekretärin muss nicht erst prüfen, ob sie Kekse für ein Meeting bestellen darf, der Lehrer muss sich nicht jedes Mal fragen, ob der Lehrplan noch gilt. Entscheidungsprämissen haben für ausführende Mitarbeiter eine entlastende Wirkung. Sie müssen sich nicht fragen, warum die Regel gilt.

So ist es möglich, dass sich unterschiedliche Akteure in ähnlichen Situationen ähnlich verhalten, ohne sich explizit darauf verständigt zu haben. Denn alle Akteure orientieren sich an »denselben« Entscheidungsprämissen (mit allen Unterschieden durch die individuellen Wirklichkeitskonstruktionen). So wird nicht vor jeder Entscheidung neu abgewogen, sondern ein Verhalten wiederholt. Es hat sich so etabliert, und deshalb wird es so gemacht. Hat sich ein Mitarbeiter einmal dafür entschieden, schweigend an Kollegen vorbeizugehen, so wird er sich nicht bei jeder Begegnung wieder fragen, ob er vielleicht doch grüßen soll.

Die Wahrheit oder, sagen wir: die Qualität der Prämisse spielt in dem Moment, in dem die Entscheidung getroffen wird, keine Rolle. Die Gründe für die vorangegangene Entscheidung, an der sich ein Akteur orientiert, sind im Moment der »Anwendung« ohne Bedeutung. Im Normalfall trifft ein Akteur die Entscheidungen, die den erwarteten Erwartungen entsprechen. Und so organisiert sich die Kommunikation in einem Unternehmen, indem an Entscheidungsprämissen angeschlossen wird, ohne dass sie ständig hinterfragt würden.

Entscheidungsprämissen schränken den Freiraum der handelnden Akteure aber nicht nur ein, sie geben gleichzeitig auch einen Rahmen und öffnen somit einen Raum, innerhalb der so gesteckten Grenzen autonom zu handeln. Bei Ausnahmen von der Regel müssen die Akteure allerdings damit rechnen, sich rechtfertigen zu müssen.

Eine Entscheidung wird getroffen, indem eine Entscheidungsprämisse für die vorliegende Situation interpretiert wird. Dass sie lediglich interpretiert wird, kündigt schon an, dass nicht alle Entscheidungen logisch oder kausal aus einer Prämisse abzuleiten sind, so einfach ist es dann eben doch nicht. Das soziale System Unternehmen lässt sich durch Prämissen nicht »kausal schließen«, auch wenn es so scheint, dass in vielen Unternehmen versucht wird, so viele Regeln und Vorschriften festzulegen und so viele Analysen und Berechnungen wie nur irgend möglich vorzunehmen, in der Hoffnung, irgendwann müsse doch jede Entscheidung logisch herzuleiten sein bzw. jedes Verhalten vorhersehbar werden. Doch so funktioniert es nicht. Es bleibt unsicher, wie sich einzelne Personen verhalten. Arbeitswissenschaftliche Studien haben nachgewiesen, dass selbst Fließband- und Call-Center-Mitarbeiter häufig von den programmierten Tätigkeiten abweichen (vgl. Burawoy 1979, pp. 71 ff.).

Entscheidungsprämissen geben einem Unternehmen Halt und Orientierung. Insofern können Entscheidungsprämissen als Strukturen gesehen werden, die eine Vielzahl künftiger Entscheidungen in Unternehmen prägen. Durch Entscheidungsprämissen können Aufwand, Zeit und Kosten für Entscheidungen eingespart werden. Das wirkt entlastend.

> »Die in der Organisationsforschung prominenten Begriffe der Unsicherheitsabsorption (vgl. March/Simon 1958: 158), der Komplexitätsreduktion (vgl. Luhmann 1973: 182 ff.) oder der Kontingenzverdichtung (vgl. Luhmann 1993: 291) dienen alle dazu, dieses Entlastungsphänomen von Strukturen zu beschreiben« (Kühl 2010a, S. 5).

Welche Entscheidung getroffen wird, lässt sich aber nicht vorhersagen. Prämissen legen Entscheidungen nicht fest, sie entscheiden nicht die Zukunft, sie fokussieren »die Kommunikation auf die in den Prämissen festgelegten Unterscheidungen« (Luhmann 2000, S. 224). Dadurch wird Komplexität reduziert. Unsicherheit wird durch Entscheidungen absorbiert. Selbstverständlich ist nicht alle Unsicherheit zu absorbieren, und das ist auch gut so:

> »Denn ohne Unsicherheit bliebe nichts zu entscheiden, die Organisation fände im Zustand kompletter Selbstfestigung ihr Ende und würde mangels Tätigkeit aufhören zu existieren« (Luhmann 2000, S. 186).

Entscheidungsprämissen rahmen das Alltagsgeschehen in einem Unternehmen, sie geben ihm eine spezifische Form, die sich jedoch ständig weiterentwickelt (siehe Abb. 1).

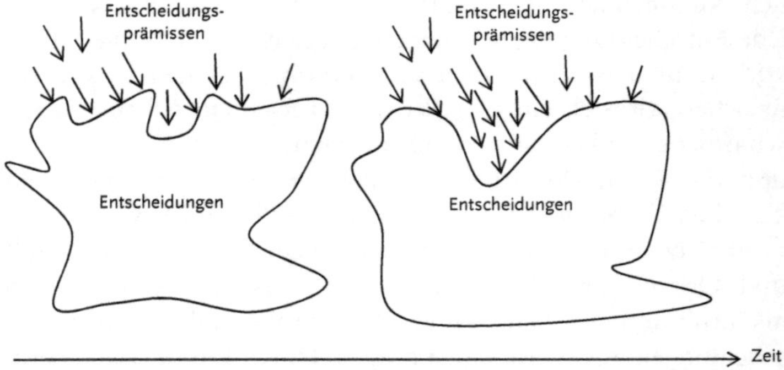

Abb. 1: Entscheidungsprämissen rahmen die Entscheidungen im Unternehmen. Dieser Rahmen verändert im Zeitverlauf seine Form.

Welche Entscheidungen in einem Unternehmen zu Entscheidungsprämissen werden, das bleibt offen. Im Moment einer Entscheidung ist nicht klar, welche Folgen die Entscheidung hat, ob sie überhaupt wahrgenommen wird, ob sie ernst genommen wird und ob auf sie später noch Bezug genommen wird.

Entscheidungsprämissen sind selbstverständlich nur in dem Unternehmen gültig, in dem sie entstanden sind. Für Personen, die das Unternehmen wechseln und sich noch nicht mit den dort geltenden Entscheidungsprämissen vertraut gemacht haben, kann das durchaus problematisch sein. Entscheidungskompetenz bedeutet vor diesem Hintergrund, Entscheidungsprämissen möglichst gut interpretieren zu können und dann zu in diesem Kontext erwarteten Entscheidungen zu kommen.

Die Antwort auf die Frage, wie Unternehmen es schaffen, sich nicht heillos zu verstricken, lautet also: Sie entwickeln Strukturen, nämlich Entscheidungsprämissen, die den Spielraum für die Mehrzahl von Entscheidungen einschränken. Sie schaffen Voraussetzungen, die für eine Vielzahl von Entscheidungen in Organisationen gelten. Entscheidungsprämissen helfen, die Komplexität zu reduzieren, die ansonsten überwältigend wäre und das Unternehmen lähmen würde.

Formale Organisationsstruktur

Wir wollen zunächst auf drei Typen von Entscheidungsprämissen eingehen, wie sie von Luhmann (2000) entwickelt wurden und seitdem fester Bestandteil einer systemischen Organisationstheorie geworden sind: die Programme, die Kommunikationswege und die Personen. *Programme* legen fest, mit welchen Aufgaben sich ein Unternehmen auf welche Art und Weise beschäftigt, wie es sich organisiert, welche Ziele mit welchen Strategien verfolgt werden und zu welchem Sinn und Zweck sich das Unternehmen genau damit befasst. Damit verbunden sind bestimmte *Kommunikationswege* und Muster der Zusammenarbeit. In jedem Unternehmen entwickeln sich Erwartungen an Verhaltensweisen von *Personen*, die mit bestimmten Rollen und Funktionen verknüpft sind (vgl. Wimmer 2012, S. 34). Bei diesen drei Typen handelt es sich um entscheidbare Entscheidungsprämissen (vgl. Luhmann 2000, S. 239 f.), die auch als die Formalstruktur eines Unternehmens (vgl. Kühl 2010a) bezeichnet werden können. Von dort aus kommen wir später zu weiteren Entscheidungsprämissen: zur informellen Struktur und zur Unternehmenskultur.

Programme

In Unternehmen gibt es eine Vielzahl von Spielregeln, die als Entscheidungsprämissen festgelegt wurden und als solche wirken sollen. Die erste Gruppe sind die Programme. Programme können in zwei Ausprägungen vorkommen, als »Konditionalprogramme« oder als »Zweckprogramme« (Luhmann 2000, S. 260 f.).

Konditionalprogramme sind zum Beispiel Qualitätshandbücher, Kontrolllisten, Prozessbeschreibungen, Telefonskripte und Leitfäden aller Art (ob für den Einkauf oder das Mitarbeitergespräch), die alle den Nutzen haben sollen, Mitarbeiter in die Lage zu versetzen, sich in den verschiedensten Situationen im Sinne des Unternehmens zu verhalten. Konditionalprogramme folgen einem »Wenn-dann-Schema«, sie sind »inputorientiert«. Der Akteur bekommt den »Input« in Form einer Anfrage, einer Anzeige, eines Impulses am Fließband oder Telefon und reagiert dann in einer genau definierten Vorgehensweise. Konditionalprogramme ermitteln richtige Entscheidungen aus gegebenen Bedingungen, die Auslösebedingung für das Programm liegt aber in der Vergangenheit. Alles, was in Konditionalprogrammen nicht explizit erlaubt ist, das ist verboten (Kühl 2010a, S. 8). Reagiert ein Akteur auf einen Impuls nicht gemäß dem Konditionalprogramm, so macht er sich »schuldig«. Kommt es trotz Befolgung der vorgeschriebenen Schritte zu einem Fehler, so ist derjenige, der das Programm verfasst hat, »schuldig«.

Zweckprogramme hingegen legen fest, welche Ziele oder Zwecke erreicht werden sollen, sie sind »outputorientiert« (Kühl 2010a, S. 9) und definieren sich im Gegensatz zu den Konditionalprogrammen über die Zukunft. Ihre Anwendung erfordert, eine unsichere Zukunft in der Gegenwart so zu behandeln, als stünde sie schon fest. Hier einzuordnen sind Zielvereinbarungsprozesse in Unternehmen, aber auch größere strategische Ziele (»Marktführer werden«) oder kleinere operative Ziele (»Den Verbrauch des Druckerpapiers um 10 % senken«). Die Vorgehensweise ist bei Zweckprogrammen viel freier als bei

Konditionalprogrammen. Die Wahl der Mittel muss sich jedoch innerhalb von akzeptablen Grenzen bewegen. »Schuldig« ist, wer das vorgegebene Ziel nicht erreicht.

In kleineren Unternehmen lohnt es sich häufig noch nicht, Regeln und Abläufe über Konditionalprogramme zu dokumentieren. Es wird angenommen, dass die Personen mitdenken und die richtigen Entscheidungen treffen. Hingegen folgt ein jedes Unternehmen bereits einem Zweckprogramm, wenn es festlegt, zu welchem Zweck es sich gründet, womit es sich beschäftigen, welche Ziele es erreichen möchte.

Kommunikationswege

Doch nicht alles lässt sich in Handbüchern, Leitfäden oder Zielvereinbarungen festschreiben. Um zu einer Entscheidung zu kommen, muss man deshalb in manchen Fällen bestimmte Wege beschreiten. Die zweite von Luhmann vorgeschlagene Kategorie von Entscheidungsprämissen sind die Kommunikationswege, womit er den »Dienstweg« meint, der eingehalten werden muss, damit eine Entscheidung in einem Unternehmen auch anerkannt wird.[11] Damit sind zum Beispiel Hierarchien gemeint, die nicht übergangen werden dürfen, bzw. die darin festgelegten Kompetenzen, die unbedingt genutzt werden müssen, damit man »richtig« entscheiden kann. Auch Rollen in Projekten (Scrum Master, Project Owner etc.) sind den Kommunikationswegen zuzuordnen.

Wer darf entscheiden, ob eine neue Stelle geschaffen wird, und wer darf entscheiden, welche Person dafür eingestellt wird? Wer kümmert sich um eine zersprungene Fensterscheibe? Wer muss einbezogen werden, wenn ein Lieferant einen neuen Auftrag bekommt? Wer muss nach seiner Einschätzung gefragt werden, bevor ein neues Projekt gestartet wird? Kommunikationswege wirken als Entscheidungsprämissen, denn sie fokussieren die

11 Kommunikationswege ließen sich auch als eine Sonderform von Programmen beschreiben, vgl. Simon (2007, S. 72 f.).

Aufmerksamkeit auf Hierarchien und Kompetenzen. Sie entlasten das Unternehmen dadurch, dass sie festlegen, wer es mit wem zu tun haben muss/darf, und vor allem auch, wer *nicht* einbezogen werden muss.

Für besonders weitreichende Entscheidungen muss der Vorstand einbezogen werden. In den meisten Unternehmen gibt es dafür ein detailliert ausgestaltetes Vorgehen. Es muss eine Vorstandsvorlage angefertigt werden, die einer festgelegten Struktur gerecht werden muss. Diese Vorlage muss dann bis zu einem bestimmten Zeitpunkt vor der in einem bestimmten Turnus stattfindenden Vorstandssitzung eingereicht werden. Bevor sie aber eingereicht werden darf, müssen alle Akteure, die für diese Vorlage verantwortlich sind oder es gerne in Zukunft sein möchten, die Vorlage noch lesen und ihr zustimmen. Dass sie dies getan haben, wird dadurch deutlich gemacht, dass ihr Name mit auf der Vorlage steht. Schafft es die Vorlage dann tatsächlich auf die Tische der Vorstände, wird ein Termin festgesetzt, an dem die Präsentation in der Vorstandssitzung erfolgen soll, und es wird auch festgelegt, welche Person die Präsentation halten soll, wie viel Zeit ihr dafür gewährt wird usw. Um das Prozedere vollständig zu beschreiben, wären noch zwei bis drei weitere Buchseiten notwendig.

Wird ein vorgeschriebener Kommunikationsweg nicht eingehalten, kann keine Entscheidung getroffen werden. Auch wenn wir bei den Kommunikationswegen bereits Personen vor Augen haben, so geht es hier um die »Stellen«, »Positionen« und »Funktionen«, die unabhängig von der Person der Stelleninhaber wirksam werden.

Personen

Eine dritte Kategorie von Entscheidungsprämissen sind die *Personen* in einem Unternehmen. Verschiedene Personen stehen für ihre ganz eigene Art und Weise, Entscheidungen zu treffen. Im Umgang miteinander entstehen jedenfalls Vorstellungen davon, wie eine Person »tickt«, welche Sichtweisen, Einstellungen, Werte sie vertritt, aber vor allem welche Eigenschaften sie angeblich hat und was sie folglich von anderen erwartet.[12] Mit der Entscheidungsprämisse »Person« ist immer (nur) das Image gemeint, das sich andere Personen im Unternehmen von einer Person machen. Personen treffen Entscheidungen und beeinflussen damit weitere Entscheidungen. Sie fungieren als Verhaltenserwartungen. Und dies durchaus unternehmensspezifisch. Derselbe Mensch kann in einem Unternehmen als schwach, blass, gesichtslos gelten und in einem anderen Unternehmen als durchsetzungsstark und charismatisch.

Der Aspekt, dass es einen Unterschied macht, welche Personen mit welchen Kompetenzen auf welche Art und Weise in einem Unternehmen zusammenarbeiten, gewinnt vor dem Hintergrund der zunehmenden Dynamik in Unternehmen und Märkten immer mehr an Bedeutung. Mit zunehmender Veränderungsgeschwindigkeit wird auch das Nichtwissen des Unternehmens größer, Unsicherheiten nehmen zu. Dem kann nur begegnet werden, indem Personen ein hohes Maß an Verantwortung übergeben wird. Dazu passen Entwicklungen zu sich selbst steuernden Teams und Netzwerken.

Personen werden gewählt, weil sie sich (hoffentlich) zur Erledigung bestimmter Aufgaben eignen. Ihre Intelligenz, Kreativität, Intuition werden dadurch zu Entscheidungsprämissen. Sie sollen aufgrund ihrer spezifischen Eignung gute Entscheidungen für das Unternehmen treffen. Und da es ab einer bestimmten Anzahl von Mitarbeitern schwer wird, jedem Mitarbeiter minutiös zu sagen, was er tun soll, und zudem nicht vorhersehbar ist, welche Herausforderungen auf das Unternehmen zukommen werden, bleibt dem Unternehmen gar nichts anderes übrig, als den Personen ein gewisses Maß an Vertrauen entgegenzubrin-

12 Und bei diesen Vorstellungen, diesen Bildern, die man sich voneinander macht, bleibt es auch, denn die individuelle Psyche eines Menschen kann nicht von außen eingesehen werden. Auch wenn diese Kompetenz häufig Psychologen zugeschrieben wird …

gen, dass sie schon die richtigen Entscheidungen treffen werden bzw. die richtigen Dinge tun und die falschen unterlassen werden. Personalentscheidungen sind deshalb von weitreichender Konsequenz:

> »Denn Personen bringen immer ein gewisses Maß an Anarchie in die Organisation (neue Personen mehr als schon bekannte)« (Simon 2007, S. 73).

Personen sind in doppeltem Sinne als Entscheidungsprämisse zu betrachten. Einerseits sind damit alle Entscheidungen gemeint, die als »persönliche« kommuniziert werden (andere Personen hätten vielleicht anders entschieden), und andererseits alle Personalentscheidungen (vgl. Luhmann 2000, S. 285). Um an der »Stellschraube Personal« zu drehen, kann man Personen einstellen (Signal in die Richtung, welche Entscheidungen gewünscht sind), entlassen (Signal in die Richtung, welche Entscheidungen nicht mehr gewünscht sind), intern versetzen (Signal, welche Entscheidungen an anderer Stelle besser passen) oder weiterentwickeln (über Personalentwicklung soll die Person in Zukunft zu anderen Entscheidungen in der Lage sein) (vgl. Kühl 2010a, S. 11).

Zusammenspiel zwischen Programmen, Kommunikationswegen und Personen

Zwischen verschiedenen Entscheidungsprämissen (Programmen, Kommunikationswegen und Personen[13]) gibt es einen ständigen Führungswechsel (Luhmann 2000, S. 226), mal ist es ein Programm, das eine Entscheidung beeinflusst, mal eine Person. Sie stehen in einer »heterarchischen« (McCulloch 1945) Beziehung zueinander (Simon 2007, S. 75). Entscheidungsprämissen können sich gegenseitig aufheben oder sich entlasten, und das ist auch gut so, denn auf diese Weise kann der Komplexität des Unternehmens Rechnung getragen werden. Es mag

13 … und der Kultur, die in diesem Text erst später als Entscheidungsprämisse eingeführt wird.

ein Programm dafür geben, wie sich ein Unternehmen auf einer Messe präsentiert, wie sich beispielsweise das Corporate Design im Messestand entfalten soll (alles muss ein bestimmtes Grün haben), wie die Messehostessen gekleidet sein sollen usw. Das Messeprogramm wurde von Personen unter Berücksichtigung der einzuhaltenden Kommunikationswege entwickelt. Und es werden wieder Personen sein, die das Unternehmen am Messestand repräsentieren und das Programm dort auf ihre eigene Art interpretieren.

Unternehmen entscheiden über ihre Entscheidungsprämissen und können darüber weitreichend Einfluss auf das Geschehen nehmen. Doch Entscheidungsprämissen haben einen weiteren Nutzen für Unternehmen, sie lassen gleichzeitig Zweifel an Entscheidungen zu. Sich dessen bewusst zu sein, dass es in einer Sache bereits einmal eine Entscheidung gab, macht es leichter, den Gedanken zuzulassen, dass auch anders hätte entschieden werden können (Luhmann 2000, S. 229). Das wiederum ermöglicht das Infragestellen der Realität, von der die Akteure ausgehen. Und das ist wichtig für das Überleben. Denn die Zukunft kann nicht vorhergesagt werden.

Ein Unternehmen kann nur in der Gegenwart Entscheidungen treffen. Sich deshalb trotzdem nur auf den Erfolgen der Vergangenheit auszuruhen (sich nur darauf zu beziehen) kann jedoch zu unnützen Entscheidungen führen. Daher müssen Entscheidungsprämissen, die in der Vergangenheit festgelegt wurden, immer wieder hinterfragt und angepasst werden, wenn in der Gegenwart, in Antizipation der Zukunft, etwas anderes sinnvoller erscheint. Das ist, nebenbei bemerkt, eine ganz wesentliche Funktion von Führung: hinterfragen, ob die Art und Weise, wie bisher Entscheidungen getroffen wurden, auch für die Zukunft noch die richtige ist. Die Entscheidungsprämissen sind damit Ansatz- und Orientierungspunkte für das Management und fungieren als Stellhebel für die Unternehmensentwicklung.

2.2 Unternehmenskultur als unentscheidbare Entscheidungsprämissen – oder: Der Elefant im Wohnzimmer

Als Stellhebel zur Führung einer Organisation können Entscheidungsprämissen jedoch nur gesehen werden, wenn klar ist, dass über sie entschieden werden kann, dass sie per Anordnung festgelegt oder verändert werden können (»Wir eröffnen einen Vertriebsstandort in Brasilien.«). Doch nicht alle Entscheidungsprämissen können durch Entscheidungen angepasst bzw. verändert werden. Es gibt organisationsspezifische Entscheidungsprämissen, die »unentscheidbar« sind (Luhmann 2000, S. 240), die sich einer Einführung oder Veränderung per Anordnung entziehen, aber dennoch auf das Geschehen in einem Unternehmen einen *entscheidenden* Einfluss haben. Luhmann (ebd.) definiert Organisationskultur als »Komplex unentscheidbarer Entscheidungsprämissen«. Damit ist gemeint, dass nicht darüber entschieden werden kann, was sich als Kultur in einem Unternehmen entwickelt. Unentscheidbares wirkt für die Akteure im Unternehmen ebenso als Entscheidungsprämisse wie Entscheidbares. Womit wir wieder bei der Menge an Spielregeln sind, die in einem Unternehmen selbstverständlich angewandt werden, ohne dass jemand sagen könnte, welche das genau sind, oder gar, wie sie entstanden sind:

> »Eine Organisationskultur entsteht wie von selbst. [...] Ihr Ergebnis bleibt anonym produziert« (Luhmann 2000, S. 243).

Es wird sich nicht im Handbuch für Mitarbeitergespräche eines Start-ups niedergeschrieben finden, dass die Führungskräfte ihre Mitarbeiter in möglichst jung und lässig daherkommendem Slang ansprechen sollen (indem sie möglichst oft »cool« und »yo« sagen) und dabei unterspannt auf ihrem Stuhl kauern oder mit den Füßen wippen. Und es steht nicht im Arbeitsvertrag, dass man sich an einer Sammelkasse für Geburtstagsgeschenke im Kollegenkreis zu beteiligen hat, oder es Ehrensache ist, nicht vor 18 Uhr 30 Feierabend zu machen, auch wenn man bereits früher zur Arbeit gekommen ist als die anderen. Die denkbaren Beispiele sind zahlreich.

Etwas pathetisch könnte man sagen, die unentscheidbaren Entscheidungsprämissen führen das Unternehmen wie von Geisterhand:

> »Es gibt niemanden, der entscheiden könnte, welche Regeln gelten, und dennoch stellen sie Entscheidungsprämissen für das Verhalten derer dar, die sich einer Kultur [...] zugehörig fühlen« (Simon 2007, S. 96)

Der Begriff »Unternehmenskultur« ergibt sich nach Luhmann aus dem Blick auf die Unterscheidung zwischen entscheidbaren und unentscheidbaren Entscheidungsprämissen. Alles, was unentscheidbar ist, manifestiert sich in der Unternehmenskultur. Und was sich in einem Unternehmen als Kultur manifestiert, das ist nicht entscheidbar:

> »Darío Rodríguez hat vorgeschlagen, den Begriff der Organisationskultur als Komplex der unentscheidbaren Entscheidungsprämissen zu definieren. Das hat den doppelten Vorteil, den viel und unklar gebrauchten Begriff der Organisationskultur präzise zu definieren und zugleich die Unterscheidung von entscheidbaren und unentscheidbaren Entscheidungsprämissen einzuführen. Es geht, anders gesagt, um die Markierung dieser Differenz von entscheidbaren und unentscheidbaren Entscheidungsprämissen, wobei die Innenseite der Differenz dort liegt, wo Probleme auftauchen und gelöst werden können: bei den entscheidbaren Entscheidungsprämissen. Damit wird gut verständlich, dass Organisationskulturen dort entstehen, wo Probleme auftauchen, die nicht durch Anweisung gelöst werden können« (Luhmann 2000, S. 240 f.).

Die unentscheidbaren Entscheidungsprämissen nennen wir fortan (unternehmens)*kulturelle Entscheidungsprämissen* und die entscheidbaren Entscheidungsprämissen (die Programme, Kommunikationswege und Personen) *formale Entscheidungsprämissen.* Formalität und Unternehmenskultur geben einer Organisation Struktur (siehe Abb. 2).

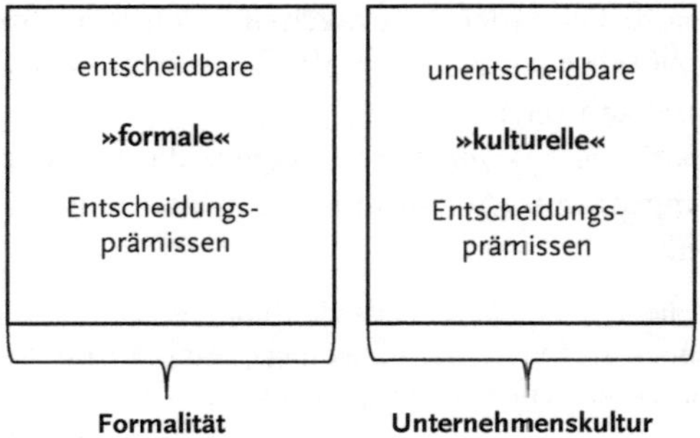

Abb. 2: Die Struktur einer Organisation ergibt sich aus der Formalität und der Unternehmenskultur.

Wir wollen nicht aus dem Blick verlieren, dass, so unentscheidbar Unternehmenskulturen auch sein mögen, sie sich dennoch irgendwie aus Anlass von Entscheidungen herausbilden. Die entscheidbaren Entscheidungsprämissen und die damit verbundene »Zukunftsvorsorge« produzieren »sozusagen das Sinnmaterial, an das die Entwicklung einer Organisationskultur anschließt« (Luhmann 2000, S. 249). Selbstverständlich produziert auch die Unternehmenskultur wiederum Sinnmaterial, an das die Entwicklung entscheidbarer Entscheidungsprämissen anschließt bzw. anschließen sollte, damit sie wirksam werden können. Doch im Gegensatz zu entscheidbaren Entscheidungsprämissen zielen Unternehmenskulturen nicht auf die Vorbereitung weiterer Entscheidungen ab.

Ganz im Gegenteil zu landläufigen Auffassungen von Unternehmenskultur als unsichtbarer Dimension unter der Oberfläche manifestieren sich kulturelle Entscheidungsprämissen in Gestalt von formalen Entscheidungsprämissen. Sie zeigen sich überall im Unternehmen, in den Unternehmensstrategien, in der Gestaltung von Prozessen, in der Auswahl von Personen oder darin, wie Hierarchien strukturiert werden, wie viel Entscheidungsspielraum in einem Projekt besteht und sogar in der Raumgestaltung. Kulturelle Entscheidungsprämissen haben einen besonders gestaltenden Einfluss, wenn es (noch) keine oder nur wenige formale Regeln gibt, beispielsweise in Start-up-Unternehmen oder in neuen Situationen. Doch dass die kulturellen Entscheidungsprämissen sichtbaren Niederschlag in den formalen Entscheidungsprämissen finden, heißt noch lange nicht, dass über sie gesprochen wird. Sie werden als Selbstverständlichkeiten angesehen, die jeder im Unternehmen akzeptiert, und folglich übersehen (vgl. ebd., S. 145). Die Unternehmenskultur ist kein Eisberg unter der Wasseroberfläche, sondern viel eher wie »Ein Elefant im Wohnzimmer« (im englischen Original: »An elefant in the [living] room«), den eigentlich jeder sieht, der aber nicht thematisiert wird.

Unternehmenskulturen lösen Probleme

Niklas Luhmann definiert Unternehmenskultur über ihre Funktion. Zur Funktion gelangt man über die Frage: »Für welche Probleme ist die Unternehmenskultur die Lösung?« Unternehmenskulturen lösen laut Luhmann Probleme für das Unternehmen, die nicht über Anweisung (formale Struktur) gelöst werden können. Einige dieser durch Unternehmenskultur zu lösenden Probleme haben wir bereits angesprochen: Passung, Zugehörigkeit und Identität sowie ein durch die Kultur bereitgestellter Deutungsrahmen für Kommunikation.

Man denke weiterhin an das »Problem«, dass sich die Mitarbeiter in einem Unternehmen wohlfühlen sollten, damit sie auch bleiben wollen. Oder an das »Problem«, dass Mitarbeiter den Eindruck gewinnen sollten, dass sie von ihren Kollegen geschätzt werden, damit sie sich auch für ihr Team stark machen. Oder an das »Problem«, dass die Kompetenzen von Chefs nicht angezweifelt werden sollten, damit Anweisungen auch ernst genommen werden. Welches Problem jeweils durch kulturelle Kommunikations- und Verhaltensmuster gelöst wird, darüber wird nicht gesprochen.

Kulturen statt Kultur

Es gibt in Unternehmen eine Vielzahl kultureller Erwartungen, die das tägliche Handeln beeinflussen. Deshalb ist es auch schwierig, von *einer* Unternehmenskultur zu sprechen. Es wäre ähnlich seltsam, von *einem* Kommunikationsweg zu sprechen oder *einem* Programm. Denn selbstverständlich wirken in Unternehmen mehrere Programme, mehrere Kommunikationswege und mehrere Personen, so auch mehrere Kulturen zusammen. Es ergibt deshalb auch wenig Sinn, Unternehmenskultur als konsistentes, womöglich noch rein positiv konnotiertes Konzept zu sehen:

> »Außerdem befreit uns der Begriff der unentscheidbaren Entscheidungsprämissen von einer Unterstellung [...], nämlich dass eine Organisation nur eine Organisationskultur hat und diese Kultur einigermaßen konsistent gehandhabt werden kann. [...] Wenn wir vom Begriff der unentscheidbaren Entscheidungsprämissen ausgehen, präjudiziert das weder Einheit noch Konsistenz der Organisationskultur« (Luhmann 2000, S. 241 f.).

Es bleibt schon möglich, von »der« Unternehmenskultur zu sprechen, wenn dabei ein Set, ein Komplex von Erwartungen gemeint ist. Doch dieser Komplex von Erwartungen muss nicht konsistent sein, um wirksam zu werden. Eine Unternehmenskultur ist dann als stark zu bezeichnen, wenn die Entscheidungen in einem Unternehmen stark von kulturellen Entscheidungsprämissen beeinflusst werden (auch inkonsistenten). Das kann dann der Fall sein, wenn es weniger formale Entscheidungsprämissen gibt, wie dies übrigens oft in Familienunternehmen anzutreffen ist.

2.3 Informalität und Unternehmenskultur

Der Unterschied zwischen Formalität und Unternehmenskultur sollte klar geworden sein. Was ist nun aber mit der Informalität? Wo ist der Unterschied zur Unternehmenskultur? Barnard sprach von der Informalität eines Unternehmens in Abgrenzung zu allem Formalen (1938, p. 120). Durch informelle Strukturen und Regeln gelangen Erwartungen an das Verhalten Einzelner wie von selbst in die Kommunikation und werden zu Entscheidungsprämissen. Das trifft so aber auch für die bisher als Unternehmenskultur bezeichneten Muster zu. Gibt es überhaupt einen Unterschied zur Kultur? Es gibt verschiedene Versuche, Ordnung in diese Begriffswelt zu bringen. Kühl plädiert dafür, statt von Unternehmenskultur nur noch von Informalität zu sprechen, Simon beschreibt die Informalität als Sonderfall der Unternehmenskultur, und Luhmann behandelt Informalität und Kultur so getrennt voneinander, dass man meinen könnte, es handele sich um zwei völlig verschiedene Phänomene.

Die dunkle Seite des Mondes – Informalität als unentscheidbare Kommunikationswege

Bei Simon bilden »informelle« Strukturen[14] gemeinsam mit den formalen Strukturen den zweiten Typus von Entscheidungsprämissen, die Kommunikationswege (2012, S. 88). Der Flurfunk folgt nicht der Regelkommunikation[15], er findet nicht nur jeden Montag von neun bis zehn Uhr statt und beschränkt sich nicht auf die zu einem Meeting geladenen Personen, er schert sich nicht um Hierarchien und Sprachregelungen. Neben den formalen Kommunikationswegen, den Hierarchien, Funktionen und offiziellen Stellen, bilden sich in Unternehmen informale Kommunikationswege heraus, wie Trampelpfade über einen Rasen, auf den ein Schild gesteckt wurde: »Betreten verboten!«. Ein Trampelpfad entsteht erst, wenn viele Personen diesen Weg gegangen sind. Es hat sich offensichtlich eine dominante Erwartung entwickelt, den Trampelpfad zu benutzen, eine Struktur ist entstanden, die einer formalen Anordnung widerspricht. So besteht in einem Unternehmen vielleicht die Erwartung, wichtige

14 Die Autorin hält den Strukturbegriff übergreifend reserviert für alle Entscheidungsprämissen.

15 Mit »Regelkommunikation« werden in Unternehmen die Festlegungen in Bezug darauf bezeichnet, welche Personen in welcher Häufigkeit und zu welchem Zeitpunkt zusammenkommen, um Informationen auszutauschen.

Entscheidungen im informalen Netzwerk vorzubereiten, indem bestimmte Funktionen konsultiert werden und ihre Zustimmung kundtun müssen, oder es entsteht eine informale Hierarchie zwischen eigentlich hierarchisch gleichgestellten Teammitgliedern. Informale Kommunikationswege werden häufig als problematisch beobachtet. Die informelle Verbindung bestimmter Personen über die durch die formale Struktur vorgesehene hinaus lässt besondere Einflussmöglichkeiten vermuten, vielleicht sogar das Ausüben von Macht. Besonders kritisch beäugt werden Beziehungen, die über das Unternehmen hinausgehen, wie die gemeinsame Mitgliedschaft im Golf-, Tennis-, oder Business-Club. Nicht selten wird eine solche Verbindung als Erklärung herangezogen, wenn Personen in Unternehmen als besonders bevorteilt beobachtet werden. Ein anderer Rahmen macht andere Beziehungen möglich, doch ob diese Beziehung dann für unternehmerische Zwecke nutzbar gemacht werden kann, bleibt offen. Informalität ist bei Simon, ebenso wie die Unternehmenskultur, eine unentscheidbare Entscheidungsprämisse:

> »Dass kulturelle Muster selbstorganisiert entstehen, hat zur Folge, dass über sie nicht entschieden werden kann. Das verbindet sie mit den informellen Strukturen. Sie werden gelebt, und wenn das Topmanagement beschließen sollte, dass es nunmehr andere informelle Strukturen und eine andere Kultur im Unternehmen geben sollte, so ist das naiv. Denn beides sind Kommunikationsmuster, die sich durch das Zusammenwirken vieler Akteure ergeben, ohne dass irgendjemand einseitig die Kontrolle über sie hat (= ›nicht entscheidbare Entscheidungsprämissen‹)« (Simon 2012, S. 90).

Folgt man dieser Argumentation, können informale Kommunikationswege als eine Ausprägung der Unternehmenskultur betrachtet werden. Doch nicht alles, was als Kultur beobachtbar ist, ist den informalen Kommunikationswegen zuzuordnen, auch wenn alle Muster durch Kommunikation entstehen – man denke an die Benutzung von Anglizismen, das Tragen bestimmter Kleidung, das Augenrollen über zu viel Buhlen um Aufmerksamkeit bei Meetings etc.

Unternehmenskultur und Informalität als nicht entschiedene Entscheidungsprämissen

Bisher wurde der Unterschied zwischen entscheidbaren und unentscheidbaren Entscheidungsprämissen thematisiert. Mit Blick auf diese Unterscheidung wurde die Unternehmenskultur von Luhmann (2000) als »Komplex unentscheidbarer Entscheidungsprämissen« definiert. Kühl (2010b) rückt eine weitere Unterscheidung ins Licht. Als entscheidbare Entscheidungsprämissen bezeichnet Luhmann alle Entscheidungsprämissen, über die faktisch entschieden werden kann oder/und die per Anordnung verändert bzw. vermieden werden können. Kühl führt (ohne dies explizit zu sagen) die Zeitdimension ein, indem er darauf hinweist, dass nicht über alle prinzipiell entscheidbaren Entscheidungsprämissen auch tatsächlich entschieden wurde. Es sei deshalb zwischen *entschiedenen* entscheidbaren Entscheidungsprämissen und *nicht entschiedenen* entscheidbaren Entscheidungsprämissen zu unterscheiden (vgl. Abb. 3):

> »In Organisationen gibt es aber auch Erwartungen, die zwar prinzipiell formalisierbar sind und deren Einhaltung kontrollierbar wäre, auf deren Formalisierung in der Organisation aber – bewusst oder unbewusst – verzichtet wird. Dabei handelt es sich beispielsweise um die Abstimmung zwischen zwei Sachbearbeitern auf dem ›kurzen Dienstweg‹, die man prinzipiell auch über Dienstvorschriften formalisieren könnte. Es geht um die ›Abkürzungen‹, ›Tricks‹ und ›Schliche‹, die man prinzipiell auch in durch das Organisationshandbuch unterstützte Routinen überführen könnte. Es handelt sich also nicht um ›unentscheidbare Entscheidungsprämissen‹, sondern um ›prinzipiell entscheidbare, aber nicht entschiedene Entscheidungsprämissen‹ der Organisation« (Kühl 2010b, S. 6).

Die Unterscheidung zwischen den beiden Typen von entscheidbaren Entscheidungsprämissen sei bisher auch von aufmerksamen »Luhmannlesern« nicht herausgearbeitet worden.[16] Die Unterscheidung kann bei Rodríguez nachgelesen werden: »Estas

16 Vielen Dank an Stefan Kühl für diesen wichtigen Hinweis (vgl. Kühl 2010b, S. 6).

premisas aparecen como indecidibles[17] e indecididas[18]« (1991, pp. 140 f.).

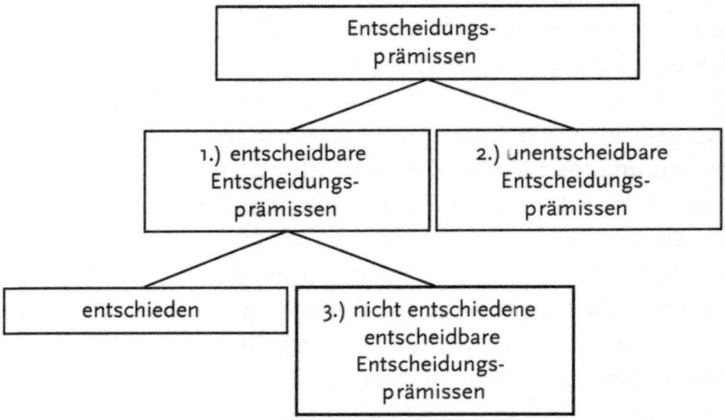

Abb. 3: Nicht entschiedene Entscheidungsprämissen als dritte (und neue) Kategorie von Entscheidungsprämissen

Kühl plädiert weitergehend dafür, den Begriff Unternehmenskultur abzuschaffen und durch den der Informalität zu ersetzen. Er definiert beide Phänomene als »nicht entschiedene Entscheidungsprämissen«, was dann beides einschließt, prinzipiell entscheidbare, aber bislang nicht entschiedene Entscheidungsprämissen und alle unentscheidbaren Entscheidungsprämissen (Kühl 2010b, S. 11).

Jede Entscheidung verweist immer auch auf das, was nicht entschieden wurde und von den Akteuren im Unternehmen mitbeobachtet wird. Das Unentschiedene ist die andere Seite der Entscheidung – und ist ebenso entscheidend. Nur weil über eine Entscheidungsprämisse nicht entschieden wurde, heißt das nicht, dass sie unentscheidbar sein muss. Entwickelt sich eine Entscheidungsprämisse wie von selbst, wurde also nicht über

17 Indecidibles = unentscheidbar.
18 Indecididas = nicht entschieden.

sie entschieden, so kommt sie in ähnlichem Gewand daher wie unentscheidbare Entscheidungsprämissen. Vielleicht ist der Unterschied auch deshalb bisher übersehen worden?

Kühl benutzt das *Nichtentschiedene* als Argument für die Gleichmachung von Unternehmenskultur und Informalität. Doch gerade aus dieser Unterscheidung zwischen prinzipiell entscheidbaren, aber nicht entschiedenen Entscheidungsprämissen einerseits und unentscheidbaren andererseits ergäbe sich eine gute Möglichkeit, die Informalität von der Kultur zu unterscheiden. Dann könnte gesagt werden, dass alles, was bisher nicht entschieden wurde, aber prinzipiell entscheidbar ist, der Informalität zugehörig ist, und alles, was unentscheidbar ist, der Kultur. Im Unterschied zu den unentscheidbaren Entscheidungsprämissen ließe sich prinzipiell über alle informell wirksamen Entscheidungsprämissen entscheiden, wenn auch wohl in den meisten Fällen mit einem wahrscheinlich nicht vertretbaren (weil nicht zieldienlichen) Aufwand. Das Tragen von Sportschuhen könnte untersagt werden oder der unterschwellige Wettbewerb explizit ausgeschrieben und mit einer Prämie ausgelobt werden. Das Netzwerk der vor einem Meeting zu konsultierenden Kollegen könnte offiziell benannt werden, der kurze Dienstweg zwischen zwei Mitarbeitern verschiedener Abteilungen könnte vorgeschrieben, das »Schmieren« von Apothekern untersagt werden usw. Dann würden aus informellen Entscheidungsprämissen formelle. Sollte sich beim Änderungs- oder Formalisierungsversuch herausstellen, dass eine gezielte Veränderung per Anordnung nicht funktioniert, so handelte es sich nicht um Informalität, sondern um Kultur. Der Beweis wäre nur ex negativo zu führen. Die Informalität wäre dann ein Tertium datur, ein Hybrid zwischen Formalität und Kultur. Sie beschriebe die Graustufen zwischen beiden Konstrukten. Sie käme im Gewand der Kultur daher und ließe sich durch Anordnung als formale Struktur enthüllen.

Doch hat sich hier wohl (leider) ein Denkfehler eingeschlichen. Was heißt denn Entscheidbarkeit bzw. Unentscheidbarkeit? Entscheidbarkeit heißt, es ist zu verhindern, dass sich eine bestimmte Struktur im Unternehmen etabliert. Unentscheidbarkeit heißt, es ist nicht zu verhindern, dass sie sich etabliert. Die Unternehmenskultur und alles Informale als nicht entschiedene, aber prinzipiell entscheidbare Entscheidungsprämissen zu definieren, würde implizieren, dass sich verhindern ließe, dass sich informelle Kommunikationswege und kulturelle Spielregeln des Umgangs etablieren. Und genau das ist nicht der Fall. Es hat deshalb wenig Sinn, die Begrifflichkeit des *Nichtentschiedenen* weiter mitzuführen.

Kühl scheint Akteure vor Augen zu haben, die entscheiden, welche Entscheidungsprämissen gelten sollen. Es sollte aber nicht aus dem Auge verloren werden, dass sich Entscheidungsprämissen, so entscheidbar sie auch sein mögen, selbst organisieren. Nicht jede Entscheidung wird zu einer Entscheidungsprämisse.

Auch werden in Kühls Argumentation zwei logische Ebenen zusammengebracht: die *faktische Ebene* (ist etwas prinzipiell entscheidbar oder nicht?) und die *zeitliche* (wurde über etwas entschieden oder nicht?). Die Vermischung dieser beiden Ebenen ist beim näheren Hinsehen verwirrend, so scheint die Verwendung des Begriffs »nicht entschiedene Entscheidungsprämisse« logisch inkonsistent. Wird ein Kommunikationsmuster zur Entscheidungsprämisse, so ist es selbstverständlich entschieden, auch wenn es darüber zuvor keine Entscheidung gab. Wäre es nicht entschieden, käme es nicht zur Anwendung. Auch kulturelle Muster sind in diesem Sinne entschieden, auch wenn sie unentscheidbar sind. Es ist zwar durchaus denkbar, dass in Organisationen auch nicht entschiedene Entscheidungsprämissen wirken, etwa wenn noch unklar ist, mit welcher Person eine bestimmte Stelle besetzt wird, doch ist bei Kühl wohl etwas anderes gemeint.

Zusammengefasst, lässt sich kein großer Unterschied zwischen Informalität und Unternehmenskultur finden, der in der Praxis nützlich und deshalb zu beachten wäre. Am ehesten lässt sich die Informalität als Sonderform der Kultur (Menge unentscheidbarer Entscheidungsprämissen) den Kommunikationswegen zuordnen. Ist die Informalität vielleicht am ehesten eine Ebene der Kultur? Die Wirklichkeit in Unternehmen ist aber wohl »schmutziger« als jedes Reinheitsstreben einer noch so pragmatischen Theorie.[19]

2.4 Wie viele Ebenen hat die Kultur?

Im Zusammenhang mit Unternehmenskultur hat es sich etabliert, von mehreren Ebenen der Kultur zu sprechen. Bei Schein sind dies die Ebenen der »Artefakte«, der »öffentlich propagierten Werte« und der »unausgesprochenen gemeinsamen Annahmen« (Schein 2003, S. 31 ff).

Der Kulturanthropologe Hall (1956) unterscheidet die *formale, informale* und *technische* Ebene der Kultur. Dabei wurde er durch die Beobachtung inspiriert, dass sich im amerikanischen Kulturraum drei verschiedene Verwendungen des Zeitbegriffs etabliert haben: Erstens der *formale*[20] Zeitbegriff, den jeder kennt und ganz selbstverständlich im Alltag verwendet, ohne ihn zu hinterfragen, zweitens der *informale* Zeitbegriff, der sich in der Verwendung von Redewendungen zeigt wie »in einer Minute«, »später«, »gleich«, und drittens der *technische* Zeitbegriff, wie er von Wissenschaftlern und Technikern genutzt wird und für den Laien aufgrund der spezifischen Terminologie häufig unverständlich bleibt. Hall beobachtete, dass sich diese drei Ebenen auch in anderen Bereichen des Lebens auf das Verhalten auswirken und sich das Verhalten entsprechend unterscheiden lässt in *formales* Verhalten, das selbstverständlich als Teil des Alltags praktiziert wird, nicht hinterfragt wird und

19 Zum Reinheitsbegehren von Luhmann siehe Koschorke (1999, S. 49).

20 Hall weist darauf hin, dass der Begriff »formal« im Sprachgebrauch anders belegt sei, als er ihn hier verwende. Auch im Kontext der Organisationsforschung ist der Begriff »formal« bereits belegt durch die »formale Organisation«.

auch nicht in den Fokus der Aufmerksamkeit gerät (zum Beispiel der ganz eigene Gang einer Person), *informales* Verhalten, das schon etwas bewusster praktiziert wird, als das formale Verhalten, jedoch nicht in seinem genauen Ablauf reflektiert wird (zum Beispiel die tägliche Körperpflege), und *technisches* Verhalten, das sehr bewusst über sich selbst reflektiert (zum Beispiel das Unterrichten einer Sportart).

Simon (2004, S. 238, 2007, S. 98) unterscheidet, eng angelehnt an Hall, ebenfalls drei Ebenen der Kultur: die *grammatische*, die *informelle* und die *technische* Ebene. Die technische Ebene wird später den entscheidbaren Entscheidungsprämissen zugeschrieben, da das, was Hall als technische Regeln definiert, in der Organisationstheorie schon unter formaler Organisation erfasst wurde. Die informelle Ebene der Kultur setzt Simon gleich mit den Kommunikationswegen, sodass bei ihm letztlich nur die grammatischen Regeln als Kern (und einzige Ebene) der Unternehmenskultur verbleiben. Weiterhin benennt er die »Ebenen der Kultur« später um in »Ebenen der Regeln«, wohl um noch deutlicher zu machen, dass entscheidbare Entscheidungsprämissen nicht als eine Ebene der Unternehmenskultur zu verstehen sind, und um mithilfe der Spielmetapher die Aufmerksamkeit auf die Komplexität der Kommunikationsprozesse zu lenken, die zu einem bestimmten Verhalten führen.

Die drei »Ebenen der Kommunikationsmuster« unterscheiden sich nach drei Dimensionen (siehe Abb. 4):

1) Kopplung mit Affekten
2) Veränderungsgeschwindigkeit der Muster
3) Zielorientierung.

Die starke Kopplung mit Affekten geht mit einer langsamen Veränderungsgeschwindigkeit der Kommunikationsmuster einher, und es ist davon auszugehen, dass Muster schneller verändert werden können, wenn sie nur schwach mit Affekten gekoppelt sind. Sind Muster auf ein offizielles Ziel ausgerichtet, so kann hinterfragt werden, wie zieldienlich sie sind. Je stärker die Zielorientierung, desto leichter lässt sich die Frage nach der Zweckmäßigkeit beantworten, und desto leichter, und damit wohl auch schneller, kann auch über eine Änderung entschieden werden (vgl. Simon 2007, S. 100).

Ebene des Kommunikationsmusters	kulturell (unentscheidbar)	informell (unentscheidbar)	formal (entscheidbar)
Kopplung mit Affekten	stark	mittel	schwach
Veränderung der Muster	langsam	mittel	schnell
Zielorientierung	gering	variiert	stark

Abb. 4: Entscheidungsprämissen als Variation von Affektkopplungen, Veränderungsgeschwindigkeit und Zielorientierung

Über die Beobachtung der mit den Kommunikationsmustern verbundenen Affekte und die Veränderungsgeschwindigkeit der Muster kann nun noch mal ein Blick auf den Unterschied zwischen Kultur und Informalität geworfen werden. Je stärker die Affekte und je langsamer die Veränderung, desto »mehr« Kultur.

2.5 Planung der Zukunft – Mission: Impossible

Während die Beschäftigung mit formalen Entscheidungsprämissen dazu einlädt, die Zukunft eines Unternehmens planvoll in den Blick zu nehmen, wird genau diese rationale Planung durchkreuzt von der Unternehmenskultur. Die Unternehmenskultur orientiert sich an der Gegenwart, daran, wie sie sich selbst vorfindet, und steht damit in einem Spannungsfeld mit der Planung der Zukunft. Ändern sich die Verhältnisse, ändert sich wahrscheinlich auch die Kultur. Umgekehrt ist es nicht möglich. Ein Unternehmen besteht aus Entscheidungen, und trotzdem kann es seine Zukunft nicht intentional-rational planen, kann es zukünftige Entscheidungen nicht exakt bestimmen – selbst dann nicht, wenn über zahlreiche Entscheidungsprämissen in der Gegenwart entschieden wird.[21] Es kann sich nur selbstreferenziell an sich selbst orientieren, so wie es sich jetzt vorfindet, und nicht an der Zukunft. Es ist in der Gegenwart gefangen und kann sich nur mit einer gegenwärtigen Zukunft auseinandersetzen. Auch ob über eine Prämisse einst entschieden wurde, das lässt sich nur aus der Gegenwart heraus sagen, womit die Vergangenheit nur in Form einer gegenwärtigen Vergangenheit vorkommt. Für kulturelle Entscheidungsprämissen werden sich auch bei intensiver Suche keine in der Vergangenheit liegenden Entscheidungen in der gegenwärtigen Kommunikation finden lassen, für formale Entscheidungsprämissen aber schon (siehe Abb. 5). Die Entscheidbarkeit von Prämissen bezieht sich immer nur auf die Gegenwart, wobei sich die Auswirkungen der Entscheidungen erst in der Zukunft zeigen werden. Gerade deshalb tun sich einige so schwer mit Entscheidungen, denn ob eine Entscheidung richtig oder falsch ist, das bleibt immer abzuwarten. Und ändert sich der Kontext, ändern sich auch die Bewertungskriterien für die Qualität der Entscheidung. Mit einiger Gewissheit lässt sich zumindest sagen, dass aus einer informellen Entscheidungsprämisse per Entscheidung eine formale Entscheidungsprämisse werden kann. Aber die Zukunft bleibt auch hier letztlich unentscheidbar, auch die Zukunft der entscheidbaren Entscheidungsprämissen. Was bleibt einem Unternehmen in der Gegenwart zu tun? Es muss ja trotzdem entscheiden. Es hat immer die Möglichkeit, über die formale Struktur zu entscheiden, sei es im Hinblick auf bisher nicht Entschiedenes oder im Hinblick auf in der Vergangenheit anders Entschiedenes. Damit begrenzt es zumindest die Möglichkeiten einer denkbaren

21 Dieses »Paradoxon des Organigramms« thematisiert auch Friedberg (1995, S. 147) und betont, dass es Organisationen niemals schaffen werden, durch formale Strukturen alle Unsicherheit zu beseitigen, da jede neue Regelung wieder neue Unsicherheiten erzeugt.

Zukunft. Über die gegenwärtige Kultur lässt sich hingegen so wenig entscheiden wie über die zukünftige.

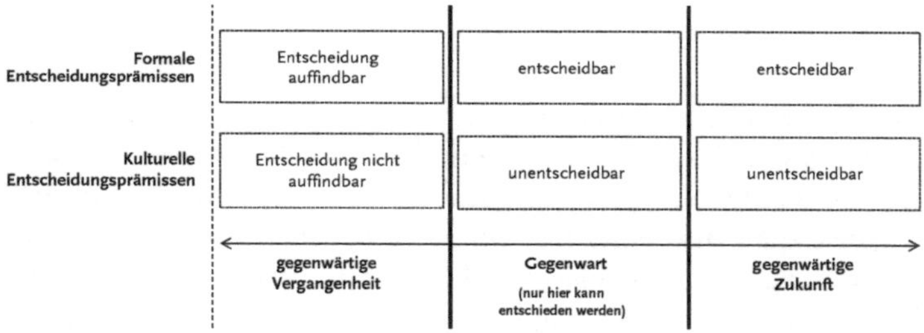

Abb. 5: Vergangenheit, Gegenwart und Zukunft von Entscheidungsprämissen

Bei Entscheidungsprämissen handelt es sich um Aspekte, die das System gegenüber seiner Umwelt auszeichnen und die es für sich selbst akzeptiert. Es scheint im Zusammenhang mit Entscheidungsprämissen passender, von Selbstorganisation zu sprechen statt von Planung. Während der Begriff »Planung« sofort einen Akteur vor dem inneren Auge erscheinen lässt, der etwas richtig oder falsch machen kann, gibt der Begriff »Selbstorganisation« den Blick frei auf die sozialen Prozesse, die in einem Unternehmen dafür sorgen, dass Entscheidungsprämissen so entschieden werden, dass sie sich auf bereits Vorhandenes beziehen. Nebenbei bemerkt, ist das auch das gängige Problem mit dem Thema »Führung«. Wer über Führung nachdenkt, hat immer gleich einzelne Führungskräfte im Sinn. Dabei wäre es viel nützlicher, über Führung so nachzudenken, dass es dabei um soziale Prozesse geht. Und an sozialen Prozessen sind zum einen immer mehrere Personen beteiligt, und zum anderen organisieren sie sich auch selbst. Statt *auf* die Personen ist also *zwischen* die Personen zu schauen, auf die Spielzüge statt auf die Spieler.

3 (Überlebens-)Strategien von Unternehmenskulturen

Die Frage, warum in einem Unternehmen nicht jeder zum Geburtstag eine Karte vom Chef erhält, kann als Provokation aufgefasst werden. Es kann sein, dass auf die Bemerkung, es sei lustig, dass die Mitarbeiter mit Einkaufskörbchen am Arm über die Flure liefen, nicht reagiert wird. Auch könnte die Frage, ob es in Ordnung sei, am Freitag im Seminar eine Jeans zu tragen, als Scherz verstanden werden. Unternehmenskulturen sind starke Kräfte. Doch wie werden diese Kräfte wirksam? Wie gelangen sie in die Kommunikation?

3.1 *Wie entstehen Unternehmenskulturen?*

Die Evolution der Unternehmenskultur folgt dem Schema »Variation, Selektion, Retention«. Was in einem Unternehmen als Unternehmenskultur sichtbar wird, das ist folglich beliebig:

> »Die Bildung ihrer Muster erfolgt nicht aufgrund irgendwelcher bewusster sachlicher Ziele, sondern ergibt sich selbstorganisiert und ist aufgrund evolutionärer Selektionsmechanismen weitgehend vom Zufall bestimmt (Simon 2004, S. 235).

Unternehmen reagieren auf Störungen bzw. Einflüsse von außen entsprechend ihren internen Strukturen, beispielsweise auf den Fachkräftemangel und die daraus folgenden Schwierigkeiten damit, eine wichtige Stelle im Unternehmen zu besetzen. Dabei gibt es eine ganze Bandbreite an möglichen Reaktionen (Variation) auf den Fachkräftemangel. Ein Unternehmen könnte das Budget für Headhunter erhöhen, sich mit allen Mitteln der werblichen Kunst nach außen als Superarbeitgeber präsentieren oder alles daransetzen, die Qualität von Führung zu steigern. Der Kreativität des Unternehmens sind keine Grenzen gesetzt (außer es setzt sie sich selbst). Bei erneuter Irritation (wieder kann eine Stelle nicht besetzt werden) werden einige dieser vorher gewählten Versuche wiederholt und andere nicht, es kommt zu einer Auswahl (Selektion). Das Unternehmen hat gelernt. Welche Ideen selegiert werden, was genau gelernt wird, das bleibt allerdings offen. Kommt es dann zu einer routinemäßigen Reaktion auf einen bestimmten Typ von Störung, wird also eine bestimmte Lösung präferiert, so spricht man von Retention.

Das soziale System »Unternehmen« hat nicht etwa die beste Lösung für seine Unternehmenskultur gefunden, sondern irgendeine Lösung bzw. irgendwelche Lösungen. Dieser Gedanke ist so lange befremdlich, wie über Unternehmenskulturen noch als Ergebnis von Gestaltungsprozessen nachgedacht wird.

Jedenfalls nicht von der Sache her ...

Das Praktische am Verweis auf Kultur ist, dass jedem sofort klar ist, dass man sich nun auf unwegsamem Gebiet befindet. Einerseits wird einem Beobachter gleich der Hinweis darauf gegeben, dass es nun problematisch wird, denn es geht um irgendetwas Kulturelles. Da muss man gewarnt sein ... Andererseits können zu behandelnde Probleme mit einem Hinweis darauf, dass es sich um kulturelle Thematiken handelt, auch gleich wieder entproblematisiert werden (vgl. Baecker 2000, S. 15). Das funktioniert in beide Richtungen deshalb so gut, weil Kultur weder mit Sachlichkeit noch mit Zweckrationalität assoziiert wird. Betrachten wir die Sachdimension als eine der drei von Niklas Luhmann postulierten Sinndimensionen (sachlich, sozial, zeitlich), so haben wir es beim Thema »Kultur« wohl am ehesten mit der Sozialdimension zu tun (vgl. Luhmann 1984), sie »thematisiert die zugrunde liegende soziale Ordnung« (Baecker 2000, S. 37).

Es handelt sich bei der Unternehmenskultur

> »um eine Tätigkeit, die als solche genossen wird« (Luhmann 2000, S. 243).

Kultur ist etwas Fluides, nicht Greifbares – da kann es einem schon unheimlich werden, oder? Und wenn nicht unheimlich, dann steckt darin jedoch zumindest der Appell, Verständnis dafür aufzubringen, dass es sich um etwas Unverständliches handelt. Dieses Verständnis aufzubringen ist wohl auch die wichtigste Leistung, die eine Person zu erbringen hat, die es mit einer ihr noch fremden Kultur zu tun bekommt.

In den Kulturwissenschaften galt als Kultur, »was weder notwendig noch regelmäßig noch gesetzmäßig war« (Baecker 2000, S. 95). Unternehmenskulturen entstehen ebenfalls weder aus Zweckrationalität, noch sind sie auf sachliche Zwecke wie die Erfüllung von Aufgaben ausgerichtet. Das heißt, sie entstehen nicht, damit sie den offiziellen Zwecken und Zielen der Organisation dienen (vgl. Simon 2007; Schein 2003). Die Kultur ist eine Möglichkeit, das Unternehmen innerhalb des Unternehmens zu beobachten, als geschähe es von außerhalb. Und damit das nicht auffällt, beschäftigt sie sich mit Sachverhalten, die sie selbst nicht als unternehmerische auffasst.

Kulturelle Muster entstehen nicht, damit sie ein bestimmtes Ziel erreichen, sie entstehen, damit sie unreflektierten Erwartungen entsprechen. Das Verhalten wird folglich wie selbstverständlich praktiziert und nicht hinterfragt. Es gibt deshalb auch keine belegbar sachlichen Gründe für die aktuelle Form einer Unternehmenskultur. Mal angenommen, in einem Unternehmen ist zu beobachten, dass viel gelacht wird, die Gesichter sind freundlich, Besucher nimmt man herzlich lächelnd in Empfang. In einem anderen Unternehmen wird so gut wie gar nicht gelacht, die Gesichter sind mürrisch, Besucher werden skeptisch beäugt. Wie lässt sich das erklären? Wir wissen es nicht. Es lässt sich schlicht nicht sagen, warum in einem Unternehmen unfreundlich miteinander umgegangen wird und es in einem anderen sehr harmonisch zugeht. Und es ist auch nicht möglich, die Anweisung zu geben, dass bis Ende des Jahres eine wertschätzende Unternehmenskultur entwickelt werden soll. Und dennoch stellt der »wertschätzende« Umgang eine Entscheidungsprämisse für

Verhalten in diesem Unternehmen dar (die Anführungszeichen sollen darauf hinweisen, dass dieses Etikett für was auch immer für ein Verhalten stehen kann, wenn sich Beobachter darauf einigen, das Verhalten als wertschätzend zu bezeichnen).

Sind Kommunikationsmuster entstanden, so dienen sie aber durchaus inoffiziellen und nichtsachlichen (nämlich sozialen) Zwecken und Zielen einer Organisation und tragen so dazu bei, dass sie überlebt. Die offiziellen Zwecke werden durch die formale Organisation bedient bzw. durch die »(manchmal kompensatorisch wirkenden) informellen Regeln und Strukturen« (Simon 2007, S. 99).

3.2 Kultur als Spiegel der Vergangenheit

Unternehmenskulturen beziehen sich immer auf Erfahrungen und damit auf die Vergangenheit. Ist ein Unternehmen beispielsweise mit seinen Märkten überfordert und kommt es zu einer Überlastung des Unternehmens, seiner Organe und Mitglieder, so spiegelt die Kultur »diese Tragödie nur wider, sie ist nicht die Ursache« (Wohland u. Wiemeyer 2012, S. 38). Dieser Blick auf Kultur als Spiegel der Vergangenheit heißt auch, dass die Zukunft offen ist. Ein Unternehmen kann sich seine zukünftige Kultur nicht aussuchen. Genauso wenig, wie die an einem sozialen System beteiligten Akteure sich eine Kultur »gemacht« haben, so wenig können sie sie auch ändern. Es gibt keine »Kulturautorenschaft«.

In Anlehnung an Luhmann, der die Kultur der Gesellschaft als Gedächtnis der Gesellschaft beschreibt, kann die Kultur eines Unternehmens als Gedächtnis des Unternehmens beschrieben werden. Eine Kultur setzte sich fort, indem Mitarbeiter immer und immer wieder die Unternehmenskultur als Bedeutungsrahmen für Ereignisse in einem Unternehmen dadurch akzeptieren, dass sie die Spielregeln unhinterfragt wiederholen. Die Wiederholung ist das Gedächtnis. Ohne Kultur hätten soziale Systeme keine Identität:

> »Dieses Gedächtnis operiert ohne irgendwelche externen Anhaltspunkte, ohne Maßstäbe für das, was richtig oder falsch, wünschenswert oder nicht wünschenswert, moralisch einwandfrei oder moralisch bedenklich ist« (Baecker 2000, S. 57).

Ohne Gedächtnis würden auch Personen nicht mehr wissen, wer sie sind. Nun sollte über Kultur aber nicht so gedacht werden, dass sie sich eins zu eins aus bestimmten Geschehnissen ableiten ließe, so nach dem Motto: Immer wenn ein Unternehmen an die Börse geht, etabliert sich im Unternehmen der Wert Sparsamkeit. So einfach ist es dann doch nicht. Die Geschehnisse und Erfahrungen wirken eher wie Kraftfelder, die bestimmtes Verhalten erleichtern und anderes erschweren.

Die Unternehmenskultur ist aber nicht ein einfaches Gedächtnis im Sinne der Erinnerung an Vergangenes. Die Unternehmenskultur ist ein Gedächtnis für ausgeschlossene Möglichkeiten (das was nicht entschieden wurde) gegen wahrgenommene Möglichkeiten (das, was entschieden wurde). Unternehmenskultur behält allerdings einen blinden Fleck. Er besteht darin, dass sie immer nur aktuell erinnern kann und nur höchst selektiv. Der blinde Fleck bedeutet, dass die Gegenwart in einem Unternehmen mit darüber entscheidet, wie die jeweilige Kultur wahrgenommen und bewertet wird.

Der Hypnotherapeut Gunther Schmidt sagte im Rahmen eines Seminars: »Die Vergangenheit eines Menschen beeinflusst niemals seine Gegenwart. Jedoch beeinflusst die Gegenwart eines Menschen das Erleben seiner Vergangenheit.« Gemeint ist, dass die Vergangenheit im Sinne einer gegenwärtigen Vergangenheit nur in der Gegenwart erlebt werden kann (wann auch sonst?) und dass es für einen Menschen einen großen Unterschied macht, ob er in einem guten Zustand auf eine Situation schaut, die er in der Vergangenheit erlebt hat, oder in einem schlechten Zustand. In beiden Fällen hat er ein anderes gegenwärtiges Erleben seiner Vergangenheit. Die eigene Geschichte ist, systemtheoretisch gesehen, nicht in ihrer Faktizität, sondern in ihrer

Selektivität relevant. Eine ganz andere Frage ist, wie vergangene Gegenwarten ausgesehen haben mögen (vgl. Luhmann 1972). Und obwohl sich die Vergangenheit im Nachhinein nicht mehr ändern lässt, kann sie in der Gegenwart auf verschiedene Art und Weise erscheinen. Es ist eben nie zu spät, eine glückliche Kindheit gehabt zu haben.

3.3 Unternehmenskulturen als Werte

Im Zusammenhang mit dem Thema »Unternehmenskultur« ist auch immer wieder die Rede von Werten. Die Unternehmenskultur orientiert »das Entscheiden an unvermeidlich inkonsistenten Werten« (Luhmann 2000, S. 249). Was aber sind Werte? Und wie unterscheiden sie sich von Entscheidungsprämissen (bzw. Spielregeln)?

> »Werte sind das Medium für eine Gemeinsamkeitsunterstellung, die einschränkt, was gesagt und verlangt werden kann, ohne zu determinieren, was getan werden soll« (Luhmann 1997, S. 343).

Ruesch und Bateson (2012, Orig. 1951) betrachten Werte als Reiz-Reaktions-Schemata, als bevorzugte Weisen der Kommunikation und des Bezogenseins. Bei Luhmann hört es sich so an, als schränkten Werte zwar ähnlich wie Entscheidungsprämissen den Handlungsspielraum ein, es jedoch unbestimmt ließen, was genau erwartet wird. Werte institutionalisieren eine sehr allgemein gehaltene Form der Erwartbarkeit. Werte werden in der Kommunikation vorausgesetzt, jedoch nicht der Kommunikation »ausgesetzt« (vgl. Luhmann 1997, S. 799). Die an einer Kommunikation teilnehmenden Akteure tun so, als bezögen sie sich auf dieselben Werte und als stimmten sie in ihren Meinungen, was diese Werte genau bedeuten und wie sie im Unternehmenskontext interpretiert werden, überein.

In Werte sind soziale Zumutungen eingebaut, sie stimulieren die Befolgung der Werte, indem sie die Erwartung nähren, die Loyalität gegenüber den Werten werde später mit der Solidarität des

Unternehmens gegenüber der Person belohnt. (Was aber nicht passieren wird, da Unternehmen aufgabenbezogene Systeme sind.)

In *Soziale Systeme* nennt Luhmann die Werte in einem Atemzug mit Personen, Rollen und Programmen, die er dort allerdings noch als »Gesichtspunkte der sachlichen Identifikation von Erwartungszusammenhängen« bezeichnet (1984, S. 429). Von Unternehmenskultur ist noch nicht die Rede. Identifikationsgesichtspunkte ordnen Erwartungen von Verhaltenserwartungen (Erwartungserwartungen), was auch die Funktion von Entscheidungsprämissen ist. Allerdings scheinen Werte weit stabiler zu sein als etwa Programme. So können Werte ihre Kraft entfalten, wenn auf Programmebene Unsicherheit entsteht. Werte erleichtern dann durch ihren höheren Grad an Unbestreitbarkeit die Kommunikation über die Kontingenz der Programme. Parsons ging davon aus, dass es in einem sozialen System die irgendwie geartete Möglichkeit gibt, sich Konsens über Werte zu erarbeiten, und dass hinreichender Wertekonsens, als grundlegende Form der Kultur, sogar die Voraussetzung für das Überleben des sozialen Systems darstellt:

> »Die Gemeinsamkeit normativer Orientierung ist logischerweise die grundlegendste Form der Kultur. [...] Auch in großen sozialen Systemen stellt die Kultur die Standards (Werteorientierung) zur Verfügung, die für Bewertungen herangezogen werden. Ohne Kultur wären weder menschliche Persönlichkeiten noch menschliche soziale Systeme möglich« (Parsons a. Shils 1951, p. 16; Übers.: C. G.).

Lässt sich Unternehmenskultur über Werte aufschlüsseln? Es ist damit zu rechnen, dass sich Mitarbeiter heuchelnd so verhalten, als ob sie bestimmten Werten folgten, und es kann sogar sein, dass sie sich entgegen ihren eigenen Werten verhalten, auch wenn es ihnen ein schlechtes Gewissen bereitet. Deshalb lassen sich die Werte einer Person nicht beobachten. Doch es lässt sich vom beobachteten Verhalten mehrerer Akteure in einem Unternehmen auf die in diesem sozialen System geltenden Werte schließen. Es ist für die Unternehmenskultur nicht von Interesse, ob eine Person die Werte »von ganzem Herzen« teilt. Sie darf es blöd finden, jeden Morgen in Anzug und Krawatte ins Büro kommen zu müssen (wenn sie es trotzdem immer wieder tut, hat sie womöglich gute Gründe dafür).

In Unternehmen werden Werte typischerweise als gültig vorausgesetzt, sie selbst werden nicht zur Diskussion gestellt. Es wird vorausgesetzt, dass jeder weiß, was mit einem bestimmten Wert gemeint ist, zum Beispiel mit »Wertschätzung«, »Mut« oder »Innovation«. (Es lässt sich darüber streiten, ob es sich dabei um Werte handelt. In der unternehmerischen Praxis werden derlei Begriffe aber typischerweise als Werte benannt). Es wird damit in Kauf genommen, dass Werte von den Mitarbeitern eines Unternehmens interpretiert werden. In jedem Unternehmen gibt es Werte, sie bilden sich im Laufe der Zeit heraus und werden durch die Geschichte des Unternehmens gestützt. Sie sind nur in den meisten Fällen nicht Inhalt der Kommunikation und so auch weder explizit annehmbar noch ablehnbar. Selbst wenn Werte benannt werden, zum Beispiel wenn »Wahrung der Tradition« gefordert wird, so wird nicht der Wert damit an sich zur Diskussion gestellt, sondern er soll damit zum Maßstab für Entscheidungen werden, ob ein bestimmter Vorschlag, zum Beispiel für ein neues Produkt, diesem Wert entspricht oder widerspricht. Was nun genau »Wahrung der Tradition« bedeutet und ob der Wert an sich nützlich oder gut oder das Gegenteil davon ist, darum geht es nicht.

Eine Unternehmenskultur legt den Sinn fest, mit dem sich Personen in diesem Unternehmen betätigen. Sie stellt damit Standards zur Bewertung von Verhalten als passend oder unpassend zur Verfügung.

Es scheint absurd, wie Unternehmen in letzter Zeit mit dem Thema »Werte« verfahren. Es ist groß in Mode gekommen, über Werte zu sprechen. Das Bewusstsein, dass Werte kein Gestaltungsgegenstand sind, hat sich jedoch nicht mit derselben Geschwindigkeit ausgebreitet wie der Wunsch, sich mit »starken« Werten als erfolgreiches Unternehmen am Markt zu positionieren. Es wird sogar geschaut, welche Werte sich die relevanten Marktbegleiter auf die Fahnen schreiben. Und um sich dann möglichst davon zu unterscheiden, verschreibt man sich selbst differenzierende Werte. Schließlich möchten sich Unternehmen mit einem einzigartigen Profil präsentieren (zu Markenwerten vgl. Grubendorfer 2012a).

> »Das Problem ist jedoch, dass zwar das Management an einem Idealbild seiner Organisationskultur arbeiten kann, für viel Geld Leitbilder von und für ihre Mitarbeiter entwickeln lassen und in Workshops wahre Orgien humanistischer Prosa für ihre Mitarbeiter und Mitarbeiterinnen ausbreiten kann, es aber keine Gewissheit gibt, dass diese Kulturprogramme bei ihren Mitarbeitern auch haften bleiben« (Kühl 2010b, S. 13).

Da verschreibt man sich Werten, weil man meint, es sei wichtig, dass man sie hat. Und dann werden sie ausgerufen, das heißt, es wird im Unternehmen darüber informiert, dass man nun diese Werte »hat« und sie auch leben möchte. Vor allem die Führungskräfte sollen diese Werte vorleben und die Mitarbeiter dazu bringen, diese Werte auch zu leben usw. Das funktioniert so natürlich nicht. Es lässt sich nicht darüber entscheiden, welche Werte Kultur werden. Und Werte, die sich bereits herausgebildet haben, lassen sich auch nicht einfach durch neue, andere Werte überschreiben, so wie sich ein Computerprogramm umschreiben ließe:

> »Die Forderung, Werte willentlich zu verändern, entspricht dem Anspruch, einen Gegenstand zu verändern, indem man seinen Schatten verändert« (Wohland u. Wiemeyer 2012, S. 130).

Selbst wenn der Code des Unternehmens, die Werte, entschlüsselt wären, so müsste man beim Umgang mit Unternehmenskulturen eher davon ausgehen, dass die Werte sich gegen Änderungsversuche wehren werden. Was passiert, wenn in einem Unternehmen von heute auf morgen der Wert »Vertrauen« ausgerufen wird? Es gibt eine große Wahrscheinlichkeit, dass dadurch genau das Gegenteil erzeugt wird, nämlich Misstrauen. Denn was ist ein Verhalten noch wert, wenn ein Beobachter davon ausgehen muss, dass dieses Verhalten deshalb gezeigt wird, weil man sich zu vertrauen hat? Oder wenn jemand bei sich selbst Misstrauen bemerkt und das erwartete Vertrauen heuchelt?

Es bleibt festzuhalten, dass sich Werte im Laufe der Zeit ganz zufällig entwickeln. Auch Vertrauen kann sich so entwickeln. Vielleicht überlässt eine Führungskraft einer Mitarbeiterin eines Tages aus der Not heraus (sie musste ins Krankenhaus) eine anspruchsvolle Aufgabe, die am nächsten Tag im Vorstand präsentiert werden muss. Die Mitarbeiterin meistert die Präsentation mit Bravour, fühlt sich von ihrer Führungskraft geschätzt und bietet sich bald an, ähnliche Aufgaben zu übernehmen. Die Führungskraft fühlt sich bestärkt, übergibt der Mitarbeiterin weitere Aufgaben zur selbstständigen Bearbeitung, die sie meistert usw. Befragt man die beiden, wie sie ihre Zusammenarbeit beschreiben würden, so würden sie vielleicht mit »vertrauensvoll« antworten. Diese Beziehung hat sich aber wie von selbst und ganz zufällig so entwickelt und nicht etwa deshalb, weil sich das Unternehmen den Wert »Vertrauen« auf die Fahnen geschrieben hat. Die Werte eines Unternehmens sind nicht festzuschreiben, sondern werden immer wieder neu durch Kommunikation erzeugt.

In der unternehmerischen Praxis werden Werte häufig einzeln betrachtet und in Workshops sukzessive bearbeitet. Dabei wäre es viel sinnvoller, wenn schon, die Werte in Abhängigkeit voneinander und im Zusammenspiel zu betrachten, denn »Werte gelten nicht substanziell, sondern funktional« (Baecker 2014, S. 107). Sie gelten nicht, weil das Wesen des Unternehmens aus ihnen spricht, sondern sie gelten, weil sie sich in diesem spezifischen Unternehmenskontext eignen. Sie gelten gewichtet und in Abhängigkeit von weiteren Werten. Wenn sich Unternehmen mit ihren Werten befassen möchten, so sollten sie diese doppelte Komplexität mitdenken und, eher von den Situationen als von den Werten her kommend, eine Diskussion darüber entfachen, welche Werte in kritischen Situationen handlungsleitend wirken.[22]

---

22 Etwa mithilfe der Critical Incident Technique (CIT). Grundidee der CIT ist es, »kritische« Situationen zu identifizieren, in denen bestimmte Verhaltensweisen von Akteuren gezeigt werden, die ein gewünschtes Ziel besonders befördern oder behindern.

4 Unternehmenskultur verändern?

Unternehmenskultur ist nicht wegzudenken, wer sie ignoriert, wird es schwer haben, ob als neuer Mitarbeiter in einem Unternehmen, Führungskraft oder Berater. Die Unternehmenskultur wirkt als ein Orientierungsrahmen für das, was getan werden und was besser unterlassen werden soll, sie lässt Personen erfolgreich sein oder scheitern, sie macht Vorgehensweisen möglich oder unmöglich, sie lässt Sichtweisen als richtig oder falsch gelten, Humor witzig oder deplatziert wirken, Kompetenzen sichtbar werden oder verkümmern und Aufgaben sinnvoll oder nicht sinnvoll erscheinen. Daraus ergibt sich für Führungskräfte, Berater oder andere für Gestaltungsaufgaben verantwortliche Personen die Notwendigkeit eines kulturbewussten Handelns. Wird die kulturelle Ebene ausgeblendet, ist wesentliches Gestaltungs- und Entwicklungspotenzial verspielt. Die Unternehmenskultur kann auch ein wertvolles Diagnoseinstrument für Erfolg und Misserfolg sein. Sie ist eine Lernumgebung, aus der Führungskräfte und Berater die Qualität der eigenen Arbeit ablesen können.

4.1 Über die Gestaltungsillusion – Ein kurzer Bericht von anderen Theoriesternen

Unternehmenskultur als Erfolgsfaktor gestalten? So wird das Thema Unternehmenskultur jedenfalls sehr häufig behandelt (oder treffender: gehandelt). *Unternehmenskultur – den Wandel gestalten, Culture Change – Unternehmenskultur als Wettbewerbsvorteil, Strategien für eine andere Unternehmenskultur, Erfolgsfaktor Unternehmenskultur, Unternehmenskulturen bewusst gestalten, Unternehmenskultur – Grundlage für den wirtschaftlichen Erfolg, Change und Organisationskultur gemeinsam gestalten* ... so die Titel einiger Bücher zum Thema Unternehmenskultur.

Unternehmenskultur wird von vielen Autoren als etwas Gestaltbares, etwas gezielt Beeinflussbares, direkt Steuerbares beschrieben. Häufig wird Unternehmenskultur in einem Atemzug mit Veränderung und Führung genannt. Dabei wird Kultur, neben der Strategie und den Prozessen eines Unternehmens, als Managementbereich beschrieben, der die Leistungsfähigkeit des Unternehmens ausmacht. Es scheint ein Traum des Topmanagements, die Unternehmenskultur so zu gestalten, dass sie in ihrem Sinne wirkt.

Besonders erfolgreiche Unternehmen stellen sehr gerne ihre besondere Unternehmenskultur ins Scheinwerferlicht. Es ist richtig, dass der Erfolg eines Unternehmens auch durch seine Kultur bestimmt wird, doch kann man sie nicht kontrollieren. Auch wenn sich die Autoren meist schwertun zu definieren, was Unternehmenskultur eigentlich ist, es scheint eine Faszination von diesem »Ding« auszugehen. Das ist verständlich, denn wie unattraktiv würde es sich anhören, von Unternehmenskultur als Schatten der Vergangenheit zu sprechen oder davon, dass ein Unternehmen immer die Unternehmenskultur entwickelt, die es sich verdient hat. Mit so einem »pessimistischen« Verständnis von Unternehmenskultur lässt sich auf den ersten Blick kein Blumentopf gewinnen. Schließlich sollen Beratungsansätze verkauft werden, die Kultur soll als ungenutztes, jedoch gestaltbares Potenzial zum Kassenschlager werden. Kultur wird zu solchen Zwecken als »weicher Faktor« bezeichnet (Peters a. Waterman 1982) und damit gleichzeitig als verheißungsvoller weiterer Stellhebel für die Leitung des Unternehmens. Die euphorische Botschaft ist simpel: Der Erfolg eines Unternehmens hängt nicht von den formalen Strukturen ab, nicht von den »harten Faktoren«, sondern von der Kultur. Diesen Ansätzen gemein ist die Vorstellung, auf Kultur lasse sich direkt zugreifen und die Belegschaft könne durch gezielte Maßnahmen zu neuen oder einheitlichen Denk- und Verhaltensweisen bewegt werden. Doch der Erfolg hat sich in der Praxis bisher nicht eingestellt, die Einsicht macht sich breit, dass Kontrolle eine Illusion ist. So einfach lässt sich

Kultur anscheinend nicht verändern. Sie ist aber auch nicht wegzudenken, sie muss in Betracht gezogen werden, denn sie stellt eine wesentliche Dimension von Unternehmen dar. Dafür braucht die Beschäftigung mit der Unternehmenskultur zunächst aber einen anderen Kontext. Statt mit der Frage der Steuerung überfordert zu werden, geht es um »das Verstehen der kulturellen Programmierung und Dynamik innerhalb der Organisation« (Baitsch u. Nagel 2014, S. 273), damit dieses Verstehen in Gestaltungs- und Führungsüberlegungen einbezogen werden kann.

Betrachtet man Unternehmenskultur systemtheoretisch, so ist die wohl wichtigste damit verbundene Erkenntnis, so unpopulär sie auch sein mag, dass Unternehmenskulturen nicht direkt steuerbar sind. Wer Unternehmen berät, sollte dieser Prämisse Folge leisten, das bewahrt vor Enttäuschungen. Denn wer meint, er könne durch gezielte Interventionen Unternehmenskulturen in eine gewünschte Form bringen, wird scheitern. Kulturen entwickeln sich von ganz allein weiter. Da sich Unternehmenskulturen immer auf die Vergangenheit beziehen, auf die besondere Geschichte eines Unternehmens, ist Wandel eher schwer herbeizuführen, schon gar nicht per Anordnung. Da die Unternehmenskultur kein »Bestandteil der Statuten« ist, ist sie nicht per Dekret einzuführen, noch ist sie per Dekret zu verändern.

Wer Abweichung von der Unternehmenskultur wagt oder fordert, dem wird inkonsistentes und widersprüchliches Verhalten vorgeworfen. Unternehmenskulturen wirken bewahrend und erschweren somit Innovationen. Das erklärt, warum es so träge vorangeht, wenn in Unternehmen organisatorische Änderungen vorgenommen werden, wenn zum Beispiel staatliche Unternehmen privatisiert, Unternehmen fusioniert, Firmen zugekauft oder Unternehmensteile in verschiedenen Ländern zusammengelegt werden. Dadurch kann es zu expliziter Kommunikation bisher stillschweigend praktizierter Entscheidungsprämissen kommen, doch es ist nicht garantiert, dass die Änderungen in eine gewünschte Richtung wirken (Luhmann 2000, S. 245 f.).

4.2 Selbstveränderungskompetenz von Unternehmen

Um sich den Möglichkeiten zu nähern, Kultur zu verändern, ergibt es zunächst Sinn, sich zu fragen, wie sich Unternehmen überhaupt verändern. Anknüpfend an das weiter oben systemtheoretisch aufbereitete Verständnis von Unternehmen, ergibt sich der Zugang zur Selbstveränderungsmöglichkeit eines Unternehmens über seine Entscheidungsprämissen. Programme, Kommunikationswege, Personen und Kultur wirken hochkomplex zusammen und bilden den Rahmen für die spezifische Identität eines Unternehmens, für sein Selbst(bild):

> »Das Selbst bezeichnet mithin jene die eigene Vielfalt bündelnde Einheit, die ein System im Unterschied zu anderen für sich selbst ist. Es macht die Organisation sich selbst als Gegenstand der Beobachtung, des Gestaltens und Veränderns verfügbar« (Wimmer 2012, S. 36).

Das Selbst kann als Metainstanz eines Unternehmens bezeichnet werden, die einen bestimmten Reifegrad erlangen kann. Es hängt vom Reifegrad des Selbst (seiner Elaboriertheit) ab, wie viel Umweltkomplexität ein Unternehmen verarbeiten kann. Das Selbst zur Reife zu bringen ist Aufgabe von Führung. Bei unreifem Selbst ist die Wahrscheinlichkeit hoch, dass höchst relevante Umweltentwicklungen außerhalb der Wahrnehmung des Unternehmens bleiben. Unternehmen sollten deshalb an ihrer Selbstreflexionskompetenz arbeiten. Dafür ist es wichtig, dass sich die verantwortlichen Akteure, zuvorderst die Führungskräfte, der Selektivität der eigenen Entscheidungsprämissen bewusst werden, sie ständig beobachten und hinterfragen.

4.3 Bearbeiten der Kultur sollte kein Selbstzweck sein

Kulturveränderung ist nur im Zusammenhang mit einer strategischen Betrachtung des Unternehmens sinnvoll und nicht etwa als von allem losgelöste solitäre Aufgabe. Statt mit dem Gedanken zu beginnen, die Kultur müsse verändert werden, sollten Manager wie Berater immer erst von den Problemen ausgehen, vor denen das Unternehmen steht, bzw. von den Zielen, die es zu erreichen erwünscht. Mit Blick auf die Kultur sollte die zentrale Frage dann sein: Wie reagiert unsere Unternehmenskultur auf Veränderungen und Weiterentwicklungen unserer Organisation? Und nicht: Wie müssen wir die Kultur gestalten, um unsere Ziele zu erreichen? Die Unternehmenskultur kann vielmehr als Voraussetzung für die Wirksamkeit der Gestaltungsmaßnahmen verstanden werden.

Unternehmenskulturen erschweren die Kommunikation von Erfahrungen, die ihrem bewährten Bild zuwiderlaufen. Gibt es ein Problem, werden beispielsweise für die Position des Marketingleiters keine geeigneten Kandidaten gefunden, so wird eher der Personalleiter entlassen, als dass man sich fragt, ob die Situation vielleicht grundsätzlich anders angegangen werden muss. Das liegt daran, dass Unternehmenskulturen den Beitrag von einzelnen Personen und Handlungen überschätzen und dabei aus dem Auge verlieren, dass zum Beispiel das Unternehmen auf dem Arbeitsmarkt keinen guten Stand hat, weil es als altmodisch, rigide und für schlechte Arbeitsbedingungen bekannt ist. Die Kunst bei der Veränderung von Unternehmenskulturen ist es deshalb, sich auf relevante Veränderungen in der Umwelt des Unternehmens zu beziehen, beispielsweise auf den durch den demografischen Wandel zu erklärenden Fach- und Führungskräftemangel und die dadurch gestiegene Notwendigkeit, sich als Arbeitgeber weiterzuentwickeln, um attraktive Angebote an Bewerber machen zu können. Daraus kann die Bereitschaft erfolgen, sich neu zu orientieren und auszurichten.

4.4 Unternehmenskultur beobachten

Wer auch immer Einfluss auf ein Unternehmen nehmen möchte, kann die Unternehmenskultur nicht ungestraft ignorieren. Der erste Schritt eines Veränderungsprojekts muss deshalb sein, die Unternehmenskultur verstehen zu wollen. Dafür muss sie beobachtet werden. Es macht jedoch einen großen Unterschied, wer was an einem Unternehmen als Kultur beobachtet und, vor allem, zu welchem Zweck. Dabei hängt das Resultat der Beobachtung auch noch von der Methodenwahl ab. Die Unternehmenskultur reagiert auf die Beobachtung und die dadurch gewonnenen Erkenntnisse. Wer auch immer sich auf den Weg begibt, Unternehmenskultur zu beobachten, sollte sich bewusst sein, dass diese Beobachtung bereits eine Intervention darstellt:

> »Für die Analyse von Organisationskultur bedeutet dies, dass das Objekt sich mit seiner Erforschung verändert« (Theis-Berglmair 1994, S. 102).

Beobachter und Gestalter müssen sich damit zufriedengeben, sich in ihrer Wirklichkeitskonstruktion von Kultur in einem eigens für das Veränderungsvorhaben entstandenen Bedeutungsrahmen zu begegnen.

Beobachtungsdimensionen

Lassen sich generalisierte Beobachtungsdimensionen festlegen, die sich dazu eignen, Kultur zu beobachten und zu beschreiben? Wir meinen, nein, denn was als relevante Dimension der Unternehmenskultur gilt, das ist zum einen unternehmensspezifisch, und es ist zum anderen abhängig vom Veränderungs- bzw. Gestaltungsvorhaben:

> »Welche Dimensionen für eine Organisation wichtig sind, entscheidet sich innerhalb des Systems« (Baitsch u. Nagel 2014, S. 283).

Es gibt große Unterschiede zwischen Unternehmenskulturen, und jede für sich ist einzigartig. Die Beobachtungsdimensionen sollten während der Beobachtung entwickelt werden. Was gelangt wiederholt in den Fokus der Aufmerksamkeit mehrerer Beobachter? In welchen Fokussierungen stimmen die Beobachter überein? In einem nachgelagerten Prozessschritt sollten die so gewonnenen Beobachtungsdimensionen innerhalb des Unternehmens validiert werden. Die dann gemeinsam ausgewählten

Beobachtungsdimensionen sollten im weiteren Prozess auf blinde Flecken hin reflektiert und nach Bedarf modifiziert werden.

Muster beobachten

Unternehmenskulturen zeigen sich in den Kommunikationsmustern, die sich im Laufe der Zeit etabliert haben. Wie lassen sich diese Muster beobachten? Es hat wohl noch niemand Kommunikation beobachtet, genauso wenig, wie jemand ein System gesehen hat, denn beobachtbar ist nur Verhalten. Kommunikation kann nur daraus erschlossen werden. Es sollten dafür mehrere Personen in Interaktion beobachtet werden. Dabei sollte darauf geachtet werden, auch auf die Spielzüge (Aktion, Reaktion usw.) zu schauen, nicht nur auf die Spieler und ihre einzelnen Aktionen (Abb. 6). Das erfordert einige Übung. Vor allem »vorbelastete« Beobachter, die zuvor beispielsweise bei Auswahlverfahren (wie in Assessment-Centern) eingesetzt wurden, werden es eher schwer haben, von der Verhaltensbeobachtung (und akribischer Beschreibung dieses Verhaltens) den Blick auf die Spielzüge, die Interaktionen und darin entstehenden Kommunikationsmuster zu richten. Welche Auswirkungen hat das Verhalten eines Spielers auf das Verhalten der anderen Mit-

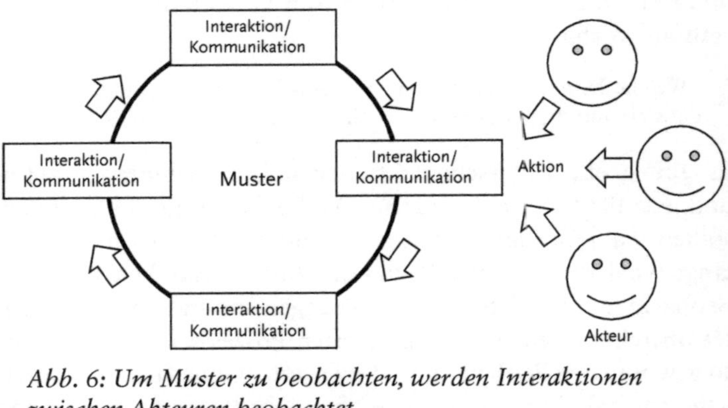

Abb. 6: Um Muster zu beobachten, werden Interaktionen zwischen Akteuren beobachtet.

spieler? Wie reagiert dieser Spieler wiederum darauf? Welche Reiz-Reaktions-Schemata wiederholen sich?

Bei der Musterbeobachtung sind grundsätzlich zwei verschiedene Suchrichtungen zu unterscheiden: A) Wird in der Interaktion etwas getan, was besser unterlassen werden sollte? Von wem? B) Wird in der Interaktion etwas unterlassen, was besser getan werden sollte? Wer könnte dies übernehmen?[23]

Luhmann (1991) beschrieb ein solches Vorgehen als »funktionale Analyse«, bei der alle sich musterhaft wiederholenden Praktiken auf ihren Beitrag zur Autopoiese eines Systems hin beobachtet werden. In Funktionen zu denken ermöglicht den Beobachtern einen wertschätzenden Blick auf das Geschehen. Jedes zu beobachtende Muster gilt dann als Lösung für ein Problem. Beobachtete Muster in einer funktionalen Rahmung an ein Unternehmen zurückzumelden bietet auch gleich eine Interventionsmöglichkeit. Als problematisch bewertete Muster können dann vielleicht anders betrachtet werden, was dann häufig schon eine Veränderung dieses oder anderer Muster nach sich zieht.

Als drei Grundmuster, die in Unternehmen vor allem im Umgang mit Konflikten beobachtet werden können, sind Harmoniemuster, Splittingmuster und Chaosmuster zu nennen. Durch das *Harmoniemuster* werden gemeinsame Sichtweisen betont und Konflikte (durch Aufgabe persönlicher Interessen) unter den Teppich gekehrt. Gegenargumente sind verboten, Konsens ist Pflicht. Personen in durch Harmoniemuster geprägten Kontexten berichten häufig von Schuldgefühlen und hohen Krankenständen. *Splittingmuster* lassen sich hingegen dadurch erkennen, dass »gegnerische« Parteien zu beobachten sind, die kein Argument der anderen Seite gelten lassen. Im Gegensatz zum Harmoniemuster werden dabei Unterschiede betont und Gemeinsamkeiten geleugnet. Übereinstimmungen werden als

23 Ausführlicher zur Beratung sozialer Systeme und zu entsprechenden Interventionsmöglichkeiten siehe Simon (2014, S. 113 f.)

bedrohlich empfunden und müssen vermieden werden. Personen im Splittingmuster berichten von einem hohen Druck, Position zu beziehen und gute Argumente gegen »die anderen« zu finden. In *Chaosmustern* ist weder das eine noch das andere zu finden, auch nicht beides. Die Akteure beziehen keine Position, bleiben ambivalent, vieldeutig, wodurch die Kommunikation uneindeutig bleibt. Es sind keine Hierarchien erkennbar, Ziele sind unklar. Der Unterschied zwischen Zustimmung und Ablehnung wird im Chaosmuster verwischt. Chaosmuster entstehen häufig dann, wenn Unternehmen im Umbruch sind, Existenzängste bestehen oder auf höherer Ebene Machtkämpfe ausgetragen werden.

Diese drei Muster eignen sich sehr gut als Einstieg in die Beobachtung kultureller Muster. Von dort aus können dann weitere Unterscheidungen getroffen und feinere Muster beobachtet werden. Es soll betont werden, dass alle drei Muster per se weder gut noch schlecht für ein Unternehmen sind. Sie sollten deshalb immer im Hinblick auf ihre Funktionalität beobachtet werden.

Geschichten als Träger der Unternehmenskultur

Wer Kultur beschreiben möchte, sollte auf die Geschichten achten, die in Unternehmen erzählt werden:

> »Um das soziale Konstrukt Organisationskultur zu bearbeiten, bietet sich die Betrachtung von Geschichten an, die in einer Organisation von ihren Mitgliedern erzählt werden. Diese werden in Form von Anekdoten, Witzen, Gleichnissen, Legenden, Mythen etc. als Form der Kommunikation von Verhaltenserwartungen bzw. -bewertungen verwendet« (Krejci et al. 2012, S. 42).

Geschichten bieten eine unvergleichliche Möglichkeit, die kulturellen Spielregeln eines Unternehmens zum Vorschein zu bringen. Sie kondensieren höchst komplexe Kommunikations- und Beziehungsmuster sowie Zeitverläufe. Sprichwörter, geflügelte Wörter, Sprüche, Metaphern sind in ihrer Wirksamkeit für die Unternehmenskultur von ebensolcher Bedeutung.

Die Geschichte von rasenmähenden Schweißern: »2009, als die Marktsituation wirklich schlecht war und wir unsere Produktion runtergefahren haben, setzten wir unsere Schweißer zum Rasenmähen ein. Es gab ein Meeting mit den Schweißern, und sie sagten: Ich kenne kein anderes Unternehmen in den USA, das versucht, dich beschäftigt zu halten, egal was. Ich schätze das wirklich sehr, aber hoffe einfach, dass ich irgendwann wieder als Schweißer arbeiten kann« (Personalleiterin an einem amerikanischen Standort eines deutschen Industrieunternehmens in einem Interview über die Unternehmenskultur).

Diese kleine Geschichte erzählt man in einem international agierenden Maschinenbauunternehmen, um deutlich zu machen, wie personenorientiert entschieden wird und woran sich die als »deutscher« Wert interpretierte Arbeitsplatzsicherheit auch in anderen Märkten (zum Beispiel in den USA) zeigt.

Es lohnt sich, darauf zu achten, wie Sprichwörter und Redewendungen in Unternehmen eingesetzt werden, um auf kulturelle Regeln hinzuweisen.

»Entscheide bei Investitionen so, als wenn es dein eigenes Geld wäre!« (Familienunternehmen)

»Denk immer an die Basis!« (gemeinnützige soziale Organisation)

»Fly high and dive deep!« (Beratungsnetzwerk)

»Put purpose first, ego second!« (börsennotiertes E-Commerce-Unternehmen)

Teilnehmende Beobachtung, Interviews oder Fragebogen?

Auftraggeber von Gestaltungs- und Veränderungsvorhaben finden es meist eher noch ungewöhnlich, Beobachter am Tagesgeschehen teilnehmen zu lassen, etwa über einen gewissen Zeitraum regelmäßig an Vorstandssitzungen. Das heißt aber nicht, dass es sich nicht lohnt, die teilnehmende Beobachtung vorzuschlagen. Denn wenn es gelingt, sich als Beobachter über einen Zeitraum von zwei Monaten immer mal wieder in das wöchentlich stattfindende Geschäftsleitungstreffen mit hineinzusetzen, liegen die kulturellen Spielregeln dieser Gruppe auf dem Tisch. Und es gibt zahlreiche Hinweise, aus welcher Menge von Spielregeln die Kultur des Unternehmens besteht.

Weit anschlussfähiger für Unternehmen scheinen Interviews zu sein, die wir auch für einen guten Weg halten, sich der Unternehmenskultur zu nähern. Die Hauptkritik daran ist schnell formuliert: Kommunikation kann im Interview nicht beobachtet werden. Es kann aber sehr gut erfasst werden, wie eine Person die Organisation auf kulturelle Phänomene hin beobachtet. Werden die Interviews teilstrukturiert geführt, fragen die Interviewer offen, sodass ungestützte Antworten zu erwarten sind, lassen sich sehr schnell, das heißt schon mit wenigen Interviews, die immer gleichen Phänomene herausarbeiten. Vorteil dieser offenen und teilstrukturierten Interviews ist, dass die Interviewer von Interview zu Interview lernen und bereits bekannte Phänomene weiter hinterfragen können. Fragen, die sich gut eignen, um kulturelle Regeln zu erforschen, sind zum Beispiel:

- Wie ist es denn so, hier zu arbeiten? Und woran kann man das merken?
- Was ist »typisch für X (Name des Unternehmens)«?
- Was muss man hier tun, um einen guten Stand bei den Kollegen zu haben?
- Was muss man hier tun, um ein hohes Ansehen beim Chef zu genießen?
- Was muss man hier tun, um rauszufliegen?
- In welche Fettnäpfchen sollte man hier lieber nicht treten?

Noch ein Wort zu Fragebogen: Häufig werden standardisierte Mitarbeiterbefragungen empfohlen, wenn man die Unternehmenskultur an vorher festgelegten Dimensionen entlang erheben will. Diesen Aufwand kann man sich jedoch sparen. Denn wer vorher festlegt, was er finden möchte, findet selbstverständlich auch nur die selbst versteckten Ostereier. Der Individualität einer jeden Unternehmenskultur kann so jedenfalls nicht begegnet werden.

4.5 Unternehmenskulturen über Bande anspielen

Das Ende der Kontrollillusion soll nicht das Ende der Interventionsversuche sein. Ganz im Gegenteil – Führungskräfte und Berater sollten sich ermutigt fühlen, Unternehmenskulturen in ihrem Wirken mitzudenken. Auch wenn sich Unternehmenskulturen nicht instruktiv verändern lassen, so lassen sie sich aber beeinflussen. Wer unbedingt will, kann auch weiterhin von Steuerung sprechen, sollte jedoch dafür einen neuen Steuerungsbegriff verwenden. Statt Steuerung an einem zu erreichenden Ziel festzumachen, sollte es darum gehen, dass man aufmerksam beobachtet, was im Unternehmen passiert, um dann nach und nach an kleinen Differenzminderungen zwischen dem, was passiert, und dem, wohin die Reise gehen soll, zu arbeiten.

Ein guter Ansatz ist jedenfalls, Unternehmenskulturen »über Bande anzuspielen«. Unternehmenskulturen können beeinflusst werden, indem entscheidbare Entscheidungsprämissen verändert werden, wie Programme, Kommunikationswege oder Personen. Jede Veränderung auf personeller Ebene, in der programmatischen Ausrichtung oder den Berichtswegen hat Auswirkungen auf die Art und Weise, wie im Unternehmen miteinander umgegangen wird, nach welchen Spielregeln Kommunikation gestaltet wird.

In einem Zulieferbetrieb der Automobilindustrie sollte die Führungskultur verändert werden. Statt uns daran zu versuchen, direkt auf die Kultur Einfluss zu nehmen, schlugen wir als Ergebnis einer eingehenden Betrachtung der Kommunikationsmuster zwischen Topmanagement und den anderen Führungsebenen vor, die Kommunikationswege zu verändern. Zuvor war es so gelaufen, dass sich die beiden Geschäftsführer einmal wöchentlich mit den direkt an sie berichtenden Bereichsleitern getroffen hatten, um sich dort zu strategischen und aktuellen Themen auszutauschen. Bei diesen Treffen war es immer wieder zu Irritationen darüber gekommen, was in dieser Runde zu entscheiden sei und was nicht. Die Stimmung war jedes Mal angespannt gewesen, die einzelnen Personen hatten sich in Einzelgesprächen frustriert über die Situation geäußert, mit unserer Moderation dann auch offen in der gemeinsamen Runde. Die Lösung lag darin, die Meetingstruktur anzupassen. Es wurde zudem durch eine Umbenennung der Meetings in »Runden« und »Sitzungen« deutlich gemacht, wo Entscheidungen zu treffen sind, nämlich nur in den Sitzungen, die es nun auf jeder Hierarchieebene separat geben sollte. Die Runden sollten hingegen lediglich dem Austausch von Informationen über verschiedene Hierarchieebenen hinweg dienen. Das bisher wöchentliche Treffen wurde in einen zweiwöchigen Turnus überführt usw. Zuerst war eine deutliche Verbesserung der Beziehung zwischen den beiden Geschäftsführern zu beobachten, denen der Schulterschluss durch die neue Struktur erleichtert wurde. Die Bereichsleiter waren ambivalent, einerseits froh über die neu geschaffene Klarheit, andererseits skeptisch ob der Entscheidungsfreude der Geschäftsführer.

Neben der Veränderung der Formalstruktur liegt in der Formalisierung von bisher nur informell etablierten Kommunikationswegen die Möglichkeit, der Unternehmenskultur Veränderungsimpulse zu geben. Indem identifiziert wird, was informal Wirkung zeigt und dann per Entscheidung formalisiert wird, besteht die Chance, die Organisation und damit auch die Kultur zu verändern. Die formale Entscheidung, zum Beispiel die Beförderung eines bereits informal als Führungskraft akzeptierten Teammitglieds, dient einerseits zur Ratifizierung dessen, was in der Organisation vorher sowieso schon gelebt wurde. Anderseits wirkt diese Entscheidung dann auch wieder auf die Kultur, vielleicht in der Form, dass damit ein Zeichen gesetzt wird, dass es sich in diesem Unternehmen lohnt, seine Kompetenzen einzubringen.

Es ist keinesfalls beliebig, welche Änderungen an Entscheidungsprämissen durchgeführt werden. Zudem müssen die zu erwartenden Auswirkungen auf die Unternehmenskultur gut bedacht werden. Es empfiehlt sich, eine Interventionsstrategie zu entwickeln, die dabei hilft, Hypothesen darüber zu bilden, welche Interventionen zu welchen Veränderungen führen könnten bzw. warum bestimmte Einflussnahmeversuche auch scheitern. Das Schalenmodell der Intervention (Simon, Weber and Friends 2015; Groth 2015b) mit den fünf Ebenen Interventionstheorie, Interventionsfokus, Interventionsprinzipien, Interventionsarchitektur und Interventionstechniken (siehe Abb. 7) bietet eine gute Möglichkeit, Interventionen zu durchdenken, strategisch zu planen, durchzuführen und in ihrer Wirksamkeit zu reflektieren. Doch bei aller Strategie bleibt immer ein großer Anteil an spontan durchzuführenden, situativ zu entscheidenden und zur Anwendung zu bringenden Interventionstechniken. Interventionen können noch so gut geplant sein, es ist schon auch eine Kunst, sie wirksam durchzuführen. Umso wichtiger ist es, dass »Interveneure« (gemeint sind Personen, die intervenieren) einerseits eine fundierte Theorie im Gepäck haben und anderseits ein großes Repertoire an möglichen Interventionsmethoden auf

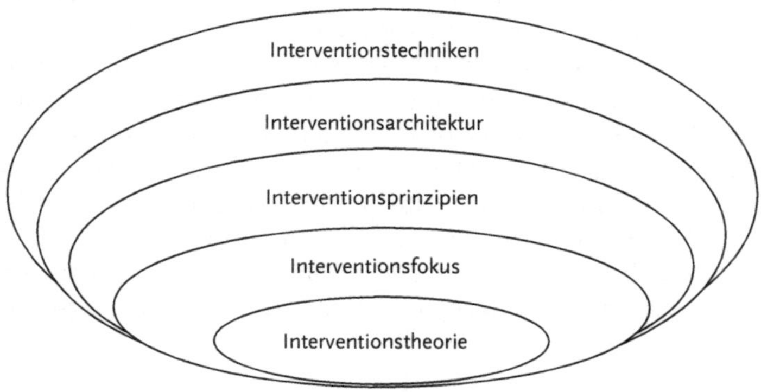

Abb. 7: Ebenen der Interventionsstrategie (Simon, Weber and Friends 2015; siehe auch Groth 2015b)

hohem Niveau anwenden können, die sie im Idealfall wiederum theoretisch reflektieren können, um so wieder auf andere, neue Ideen zu kommen, das Unternehmen zu irritieren.

Zu einer *Interventionstheorie* im Kontext Unternehmenskultur gehört die systemtheoretische Sicht auf Unternehmen und Unternehmenskultur (Unmöglichkeit direkter Einflussnahme, Identitätsrelevanz, Passung, Paradoxiebearbeitung, Selbstorganisation und Autopoiese usw.). Dieser Blick sollte einen entscheidenden Unterschied machen zu anderen Modellen, etwa solchen, die Unternehmenskultur als gestaltbaren Bereich beschreiben.

Der *Interventionsfokus* (wohin geschaut wird, wenn Interventionen entwickelt werden) sollte dabei auf den entscheidbaren Entscheidungsprämissen liegen und nicht auf den unentscheidbaren, auf der formalen Struktur des Unternehmens und nicht auf der Kultur. In der Beratung muss darauf geachtet werden, ob sich das Kundensystem in seinen Interventionsideen direkt auf die Unternehmenskultur richtet, was häufig der Fall ist (»Wir müssen unsere Führungskultur verändern«). In der Zusammenarbeit sollte eine Umfokussierung der Aufmerksamkeit auf Personen, Programme und Kommunikationswege versucht werden. Aber auch hier ist Vorsicht geboten, denn in Unternehmen wird einzelnen Personen häufig die Verantwortung für »Probleme« wie »Lösungen«[24] zugeschrieben, weshalb darauf geachtet werden sollte, die Aufmerksamkeit auf die Interaktionen mehrerer Personen und damit auf die Kommunikationsmuster zu richten. Dabei können auch Paradoxien in den Fokus genommen werden, Überlebensstrategien des Unternehmens oder Kopplungen von Akteuren und Aktionen.

Bei den *Interventionsprinzipien* geht es um die Reflexion der verschiedenen Möglichkeiten der Einflussnahme. Zu unterschei-

24 Auch wenn von Problemen und Lösungen die Rede ist, so handelt es sich um Wirklichkeitskonstruktionen von Beobachtern in Unternehmen. Was für den einen ein Problem darstellt, ist für den anderen womöglich die Lösung.

den sind zunächst Minus- und Plussymptome. Eine Minussymptomatik beschreibt eine Unterlassung, Aktionen sind nicht zu beobachten, die lieber beobachtet werden würden (»Die Führungskräfte geben kein Feedback«). Bei der Plussymptomatik werden Aktionen beobachtet, die lieber nicht beobachtet werden würden (»Es herrscht ein schroffer Umgangston«). Beiden Symptomtypen sind Prozessmuster gemein, die in Unternehmen dafür sorgen, dass sie in der Kommunikation hergestellt und aufrechterhalten werden. Die Frage, die sich vor jeder Intervention stellt, lautet deshalb: Sollen neue Muster etabliert werden, oder sollen etablierte Muster unterbrochen, verhindert bzw. verändert werden? Da die Unternehmenskultur konservativ ist, wird es oftmals der leichtere Weg sein, neue Muster zu etablieren, die dann an die Seite der bisherigen Muster treten und sie in ein anderes Licht rücken, sie abschwächen oder vielleicht mit der Zeit ersetzen oder den Impuls für die Entstehung eines noch weiteren neuen Musters geben. Zu guten Ideen kann auch die Frage nach der Inhibierung führen, welche Muster im Unternehmen verhindern, dass ein anderes Verhalten gezeigt wird: »Was hindert Führungskräfte daran, Feedback zu geben?« Und auch die Frage der Desinhibierung: »Was brauchen Führungskräfte, um das Muster, das sie bisher daran hindert, Feedback zu geben, zu überwinden?« Weitere Interventionsprinzipien ergeben sich mit Blick auf Variations- und Selektionsfragen. Die Variation von Mustern kann beeinflusst werden, indem zum Beispiel Feedbackübungen in einem Seminar angeboten werden. Aber auch die Selektion von Mustern kann beeinflusst werden. Wenn die Führungskräfte für jedes Feedbackgespräch Punkte von ihren Mitarbeitenden bekämen und sie am Ende eines Zyklus vorzeigen müssten, könnte die Selektion dieses Musters vielleicht wahrscheinlicher gemacht werden. Die Frage wäre dann noch, ob sich die Mitarbeitenden darauf einlassen würden, denn Einfluss ist selbstverständlich immer ein zirkuläres Spiel.

Der *Interventionsarchitektur* kommt eine besondere Bedeutung zu, gerade auch angesichts des Gedankens der Nichtkontrollierbarkeit. Sie beginnt bereits bei der Frage, wer in welcher Rolle am Veränderungsgeschehen beteiligt ist. Statt Beratung als Auslagerung von Kompetenzen zu verstehen (ein »Abkippen« von Problemen nach extern in der Hoffnung, dort eine Lösung herangezüchtet zu bekommen, die im eigenen Unternehmen lediglich eingepflanzt werden muss), sollten sich Berater und Kunden gemeinsam in einem Beratungssystem für die zu erreichenden Ziele zusammenfinden. Ein Aspekt der Architektur ist dann zum Beispiel die Vereinbarung, wie häufig sich das Beratungssystem zusammenfindet und mit welchem Selbstverständnis gemeinsam gearbeitet wird. Bei der Interventionsarchitektur geht es um die Auswahl und den individuellen Zuschnitt der geeignet erscheinenden Kommunikationsformate wie Workshops, Fokusgruppen, Interviews, Großgruppenevents, Reflexionsmeetings, Einzel- oder Gruppencoachings, Teamentwicklungen, Strategiekonzeptionen u. v. m. Ein weiterer Aspekt sind die Akteure, die berücksichtigt werden sollen: Einzelpersonen, Gruppen, Abteilungen, Bereiche, Standorte, Sparten usw. Und schließlich muss die Zeitdimension einfließen, also Überlegungen dazu, in welchem Abstand über welchen Zeitraum wer mit wem kommunizieren sollte.

Bei den *Interventionstechniken* geht es um die Frage, wie genau die einzelnen Formate ausgestaltet werden sollen, welche Methoden und Techniken zum Einsatz kommen sollen, damit die gewünschten Effekte befördert werden. Gemeint sind etwa zirkuläre Fragetechniken, Erlebnisgestaltung, Aufstellungen, Reflexionsräume, Präsentationen, Impulsvorträge, Großgruppenformate wie Open Space, Reflecting Team, Feedback u. v. m. Interventionstechniken sollten so ausgewählt und kombiniert werden, dass einerseits die größte Anschlussfähigkeit bezüglich des Systems zu vermuten ist und andererseits die Wahrscheinlichkeit hoch erscheint, das System in die gewünschte Richtung zu beeinflussen. Methoden müssen kontextspezifisch feinkonzipiert werden. Kontextsensitivität ist dabei ein Erfolgsprinzip. Auch kommt der Beobachtung und Reflexion der Interventionstechniken und ihrer Auswirkungen im System eine bedeutsame Rolle zu. Mit Gestaltungsaufgaben betraute Personen sollten ihre Beobachtungen in regelmäßigen und schnellen Zyklen reflektieren und weitere Interventionen auf das Gelernte und die daraus neu zu bildenden Hypothesen ausrichten. Eine mitlaufende Beobachtung 2. Ordnung[25] ist das A und O wirksamer Interventionen. Wer sich in seiner Interventionspraxis nur auf diese äußere Ebene des Schalenmodells, die Methoden, reduziert und sie womöglich kontextfrei anwendet, bleibt weit hinter den Möglichkeiten zurück. Methoden sollten das Denken nicht verhindern. Mit Blick auf die vielen Manuale, Leitfäden, Tools etc., wie sie bei Führungs- und Beratungsausbildungen häufig angeboten werden, kann man sich schon Sorgen machen …

4.6 Die Rolle des Topmanagements als »Träger der Kultur«

Die »großen« Entscheidungen treffen meist »Entscheider«, also Topmanager, weshalb wir auf sie besonders eingehen möchten. Aussicht auf Kulturveränderung besteht, wenn neue Manager in das Unternehmen kommen, die mit bisherigen Gewohnheiten aufräumen, indem sie sich anders verhalten, als es die Beschäftigten erwarten.

So wie der neue CEO eines Beratungsunternehmens die Führungskräfte des Unternehmens im Rahmen einer großen Veranstaltung plötzlich duzte und sich selbst mit Vornamen vorstellte. Wir als Moderatoren bekamen fünf Minuten vor Beginn der Veranstaltung den Wunsch angetragen, dass wir auch alle Teilnehmer duzen sollten. Als Begründung dafür führte der CEO an, es sei nun höchste Zeit, eine andere Atmosphäre zu schaffen, man befinde sich schließlich in einem Beratungsunternehmen,

25 Unter einer Beobachtung 2. Ordnung wird die Beobachtung der Beobachtung verstanden. Für die Praxis der Interventionen meint dies, sich zu wundern über das, was andere für selbstverständlich halten.

und da passe es nicht, sich zu siezen. In seiner Ansprache duzte er die Teilnehmer dann durchgehend, und wir taten es auch. Das war ein Bruch mit den bisherigen Umgangsformen. Dieser Bruch wurde als Entscheidung einer Person sichtbar. Das machte es für die Teilnehmer leicht, den Bruch zu akzeptieren. Wir wollen aber nicht vergessen, dass es dennoch nicht zu entscheiden ist, wie sich die Unternehmenskultur nach diesem Bruch entwickelt. Ob sich nun alle duzen, ob und wie sich die Beziehungen dadurch verändern, das steht auf einem anderen Blatt.

Die Umstellung in der Ansprache war nun sicherlich eine kleine Intervention, es gibt auch viel größere. Es gibt Topmanager, die im Verlauf ihrer Karriere von Vorstandsposten zu Vorstandsposten wechseln. Manche sind der Öffentlichkeit als »Sanierer« bekannt. Ihr Vorgehen zeichnet sich fast immer durch ein konstantes Regelbrechen aus, zum Beispiel dadurch, ein bisher nur lokal operierendes Handelsunternehmen international aufzustellen und innerhalb von zwei Jahren 15 Länderdependancen zu gründen. Oder in einem Technologieunternehmen plötzlich inständig an Personen festzuhalten, wo vorher Personal ausgetauscht wurde, sobald der kleinste Fehler passierte. Mit dem Brechen von Regeln stören Topmanager die Kultur, sie können jedoch nicht vorhersagen, wie das Unternehmen reagiert, sie können es nicht kontrollieren. Nicht immer sind diese Regelbrecher erfolgreich, nicht selten bringen sie ein Unternehmen in Gefahr.

Erfolgversprechender sind deshalb die Schachzüge der innerhalb eines Unternehmens »groß gewordenen« Topmanager. Vorstände, die vor ihrer Ernennung schon viele Jahre für ein Unternehmen tätig waren, können besser einschätzen, wie das Unternehmen auf Veränderungen reagieren wird. Sie kennen die Spielregeln oder haben zumindest die größere Chance, die Spielregeln zu kennen und sie in ihren Veränderungsvorhaben mitzudenken (vgl. Collins 2001). Es ist selbstverständlich auch möglich, Topmanager und andere als »Träger der Kultur« zu bezeichnende Personen zu entlassen. Werden diese personellen Entscheidungen dann mit entsprechenden Erklärungen flankiert, so kann eine Kultur irritiert werden.

5 Unternehmenskultur in der unternehmerischen Praxis

Zu einem praktischen Verständnis der Unternehmenskultur gelangt man über die Themen »Führung«, »Arbeitgeberattraktivität«, »Familienunternehmen« und »Agilität«, die derzeit intensiv in Unternehmen diskutiert werden.

5.1 *Unternehmenskultur und Führung*

Die Anforderungen an Führung verändern sich mit der Veränderung von Unternehmen und Märkten. Die meisten Unternehmen haben in den letzten Jahren ihre Eigenkomplexität systematisch gesteigert, sei es durch neuartige Formen der Binnendifferenzierung, durch die gezielte Internationalisierung von Funktionen oder durch die Verstärkung netzwerkförmiger Kooperationen etc. (vgl. Wimmer 2012).

Unternehmen steigern die Vielfalt ihrer Angebote und die Möglichkeit der Individualisierung (Customizing) für ihre Kunden. Sie erstrecken sich über immer mehr Länder, für Führungskräfte ergeben sich Herausforderungen in der Führung über Ländergrenzen hinweg. Die Menge zu überblickender interner Kommunikationsmedien ist um ein Vielfaches gewachsen. Wenn Unternehmen dann noch ihre Strukturen dynamischer machen möchten und von klassischen Organigrammen zu einer netzwerkorientieren Form der Zusammenarbeit wechseln, resultieren daraus Veränderungen, gegen die die Einführung von Matrixorganisationen[26] eine Kleinigkeit war. In diesen neuen Umfeldern funktionieren viele alte Gewissheiten erfahrener Führungskräfte nicht mehr. Auch die Umwelt von Unternehmen wird komplexer, die Zukunft scheint immer ungewisser. Die Wünsche und

26 Die durch eine Matrixorganisation entstehenden Zuständigkeitsüberkreuzungen verlangen nach hoher Führungs- und Strukturierungskompetenz.

Erwartungen von Kunden ändern sich rasant, oft getrieben durch vollkommen neuartige Angebote, die vor allem im Zuge der Entwicklung sozialer Medien entstehen: So bedrohen derzeit Angebote wie »Airbnb« die klassische Hotelgastronomie, und das Angebot »Uber« torpediert das Geschäftsmodell von Taxiunternehmen. Sogenannte disruptive Veränderungen geschehen nicht langsam und stetig, sondern entfalten ihre Wirkung in nur kurzer Zeit. Wie gehen Führungskräfte mit der zunehmenden Ungewissheit um?

Die Ansprüche an die Kommunikation zwischen Führungskräften und Mitarbeitern verändern sich. In Zeiten des wachsenden Wettbewerbs um qualifizierte Mitarbeiter wird es für Unternehmen immer wichtiger, dass Führungskräfte zum Bindungsanker für Mitarbeiter werden und nicht wie bisher der Kündigungsgrund Nummer eins sind.[27] Führungskräfte sollen ihre Mitarbeiter so führen, dass sie voller Freude und ohne zu viel Stress Höchstleistungen bringen. Letztendlich müssen Führungskräfte mit immer mehr Bällen gleichzeitig jonglieren und sie in der Luft halten.

Was ist denn überhaupt Führung? Wodurch fühlt ein Mitarbeiter sich geführt und in seinem Handeln geleitet? Auf das Verhalten eines Mitarbeiters wirken weit mehr als nur die Handlungen einer Führungskraft, die üblicherweise als Führungsaufgaben bezeichnet werden. Mitarbeiter orientieren sich an dem gesamten Umfeld, das sie in ihrer Organisation umgibt, und reagieren darauf, wie ihre Organisation funktioniert. Es sind viele Dinge, die ein Mitarbeiter beobachtet und die er als Prämisse für sein Verhalten übernimmt: »An welche Kommunikationswege sollte ich mich hier halten? Welche Ziele verfolgen wir? Welche Vorgaben für den Umgang mit verschiedensten Situationen gibt es? In welche Fettnäpfchen kann ich hier treten? Was muss ich hier tun, um möglichst erfolgreich zu sein? Woran könnte ich scheitern?«

27 Wie eine Studie der Ruhr-Universität Bochum (2009) belegte.

Führungskräften ist oft nicht bewusst, dass sie immer führen. Mitarbeiter orientieren sich an ihnen, an allem, was sie tun. Auch an dem, was sie nicht tun, denn eine Unterlassung ist ebenfalls eine Handlung. Vorstände, Geschäftsführer, Bereichsleiter, Abteilungsleiter, Teamleiter, sie alle werden permanent beobachtet und befinden sich qua Funktion im Aufmerksamkeitsfokus. Aus der Sicht der Geführten leben sie vor, was in der Organisation Belohnung und Erfolg verspricht. So prägen sie mit ihrem Handeln das Verhalten der Mitarbeiter, und so trägt das Verhalten von Führungspersonen ganz wesentlich dazu bei, welche Kultur sich in einem Unternehmen entwickelt.

Eine andere Perspektive auf Führung, die wir häufig vernachlässigen, ist der Blick auf die Führungsmannschaft. Wie gut ist die Führungsmannschaft eines Unternehmens aufeinander abgestimmt? Inwiefern teilen die Mitglieder ein gemeinsames Verständnis von Führung? In Bezug auf den obersten Führungskreis, wie zum Beispiel die Geschäftsführung, ist es durchaus üblich, diese Personen als Führungsteam zu sehen und dafür zu sorgen, dass sie gut zusammen arbeiten. Doch wenn man als externer Berater in solchen Kreisen die Frage stellt: »Wie gut sind Sie darüber abgestimmt, was für Sie gute Führung ist, die Ihrem Unternehmen in Ihrer Situation nützt?«, erntet man häufig nur fragende Blicke. Auf den Ebenen darunter haben Führungspersonen immer weniger Möglichkeiten und Kommunikationsplattformen zur Verfügung, um sich regelmäßig darüber auszutauschen, wie sie gut aufeinander abgestimmt führen wollen. Wie sollen sie zu einem Schulterschluss bezüglich dessen kommen, was gerade ansteht und in welche Richtung es gehen soll?

Der gewohnte Blick auf Führung als Leistung Einzelner hilft nicht weiter, wenn Organisationen Führung wirksamer machen möchten. Wenn wir über Führung nachdenken, vergessen wir so oft den Blick auf den sozialen Kommunikationsprozess, der sich als Führung etabliert hat.

Führung reflektiert, was ein Unternehmen erfolgreich macht. Führung ist die von Fall zu Fall mehr oder weniger gut ausgeprägte Fähigkeit, das Unternehmen in seiner Leistungsfähigkeit zu beobachten, aufrechtzuerhalten und weiterzuentwickeln:

> »Führung in einem systemischen Verständnis meint eine organisationale Fähigkeit, eine in der Organisation ausdifferenzierte Funktion, die im Unterschied zu den vielfältigen Fachaufgaben, die es zur Leistungserbringung braucht, auf die laufende Herstellung der eigenen Vitalität (Überlebensfähigkeit) spezialisiert ist« (Wimmer 2009, S. 24).

Führung wird dadurch zur entscheidenden Vitalitätsfunktion eines Unternehmens. Führung findet genau in dem Moment statt, in dem sich Führungsteams fragen: Wollen wir so weitermachen wie bisher? Das Ergebnis solch einer Reflexion kann sein, dass Führungspersonen erkennen, wie sie mit Fehlern umgehen. Uns begegnen immer mal wieder »Fehlerkulturen«, in denen defizitorientiert auf Fehler reagiert wird. Wenn etwas schiefläuft, wird vor allem der Schuldige gesucht und dieser auch mal vor versammelter Mannschaft gerüffelt. Es heißt dann: »Das darf nie wieder vorkommen.« In so einem Klima traut sich niemand mehr zu sagen: »Okay, schlecht gelaufen, wie machen wir es besser?« Es wird immer schwerer, offen über Fehler zu sprechen und aus ihnen zu lernen. Wenn sich solche Muster etabliert haben, stellt sich die Frage, was sie im Unternehmen bewirken und wie nützlich das ist. In diesem Fall ist anzunehmen, dass Fehler so lange wie möglich unter den Tisch gekehrt werden und versucht wird, die Schuld für einen Fehler möglichst weit von sich zu weisen. Angenommen, ein Unternehmen, in dem ein solches Klima herrscht, sucht dringend nach Innovationen, die ihm neue Marktchancen eröffnen. Dafür müssten Mitarbeiter neue Ideen erdenken und ausprobieren dürfen. Ausprobieren führt meist zu mehrfachem Scheitern, bevor ein Durchbruch gelingt. Doch warum sollten Mitarbeiter in der oben beschriebenen Fehlerkultur ernsthaft das Risiko des Scheiterns eingehen? Inwiefern ist diese Fehlerkultur also nützlich für das Unternehmen, das eigentlich auf Innovationen angewiesen ist? Nebenbei bemerkt, könnte die Lösung in der Aufforderung liegen, Fehler zu machen, um dann daraus zu lernen (wie Peters a. Waterman 1991 dies vorschlagen).

Die kulturellen Muster, die sich hinter dem Rücken der Akteure als Führung etabliert haben, können nicht direkt bearbeitet werden. Führungspersonen können jedoch ihr Verhalten verändern. Als je machtvoller sie im Unternehmen angesehen sind, desto einflussreicher wird ihr Verhalten sein. Sie wirken als Entscheidungsprämisse. Der zweite Hebel sind gemeinsame Reflexionsräume. Wenn Führungsteams ihr Zusammenwirken reflektieren und ihr gemeinsames Handeln danach ausrichten, wird Führung zur Arbeit am System, sodass es funktionaler für die Ziele des Unternehmens wird. Auch wenn Führung nicht direktiv auf die Kultur einwirken kann, so wird sie ihrer Funktion der Überprüfung der Überlebensfähigkeit des Unternehmens gerecht, wenn sie (Führung) sich selbst als Kultur mitbeobachtet und so für sich und auch für das Unternehmen eine Art Kulturbewusstheit schafft.

5.2 Unternehmenskultur und Arbeitgeberattraktivität

Eine besondere Bedeutung hat das Herausstellen der Unternehmenskultur im Zusammenhang mit der strategischen Markenentwicklung von Unternehmen und hier speziell für die Positionierung und Entwicklung eines Unternehmens als Arbeitgebermarke (Employer Branding). Ein wesentliches Element einer Arbeitgebermarkenpositionierung ist die Differenzierung zum Wettbewerb, womit gemeint ist, möglichst profilierend auf den Punkt zu bringen, worin sich *dieser* Arbeitgeber von potenziellen Wettbewerbern auf dem Arbeitsmarkt unterscheidet. Mehr und mehr Unternehmen sprangen seit Beginn des neuen Jahrtausends auf den Zug auf, nahmen an Arbeitgeberwettbewerben teil, warben mit ihrem Platzgewinn bei »Top Job« oder »Great Place to Work« und stimmten ein in den Chor der attraktiven Arbeitgeber. Doch ein attraktiver Arbeitgeber zu sein heißt noch lange nicht, eine starke Arbeitgebermarke zu haben. Wer einfach nur sagt, wir sind ein attraktiver Arbeitgeber, der sagt noch nicht, wofür er als Arbeitgeber genau steht, wie es ist, in diesem Unternehmen zu arbeiten, und was dort anders ist als bei anderen Unternehmen. Doch nur durch die Beantwortung dieser Frage wird ein unverwechselbares Arbeitgeberprofil geschaffen. Nachdem sich die Aufmerksamkeit der Marketing- und Personalfachleute auf faktische Themen wie Gehalt, Sozialleistungen, Größe des Unternehmens usw. konzentrierte, reichte das schon bald nicht mehr, um einen relevanten Unterschied zu machen. Plötzlich kamen Themen wie flache Hierarchien, Spaß an der Arbeit, Stolz auf das Unternehmen und sogar explizit eine »gute« Unternehmenskultur in den Fokus der kommunikativen Arbeitgeberauftritte (Karrierewebsite, Stellenanzeigen ...). Sie wirken jedoch häufig eher einfältig als vielfältig. Man gewinnt schnell den Eindruck, dass sich das werbende Unternehmen nicht wirklich mit sich selbst und seiner ganz individuellen Unternehmenskultur befasst hat. Vielmehr hat es sich wohl eher an den »Bewerberpräferenzen« ausgerichtet, also den Kriterien, die laut Marktforschung für Bewerber wichtig sind. Von attraktivem Gehalt und spannenden Aufgaben, von internationalem Umfeld und Weiterbildung ist da die Rede, und zwar fast überall. Wer sagt denn, dass ein Arbeitgeber all das bieten muss, was Studien als sogenannte Bewerberpräferenzen herausstellen, um von seiner Zielgruppe als attraktiv wahrgenommen zu werden? Und wer ist denn überhaupt die Zielgruppe? Wie oft glauben Employer-Branding-Verantwortliche, die Zielgruppe sei »draußen«, im Markt. Dabei ist sie doch zum Greifen nah, es sind die eigenen Mitarbeiter und Führungskräfte. Es sei denn, ein Unternehmen plant eine 180-Grad-Wende und will sich in Kürze von der gesamten Belegschaft trennen und eine komplett neue einstellen. Sehr unwahrscheinlich. Selbst wenn ein Unternehmen vor einer großen Veränderung steht und weiß, dass es in Zukunft andere Mitarbeiter braucht, um wettbewerbsfähig zu sein, dann sollten doch zumindest eine oder zwei Handvoll dieser Personen schon an Bord sein. Und die könnte man dann doch zum Beispiel danach fragen, was sie an ihrem Arbeitgeber attraktiv finden, warum sie lieber hier arbeiten als dort und was sie glauben, was sich verändern muss, damit das Unternehmen auch in Zukunft attraktiv ist. Vor allem aber könnte man diese Personen miteinander vergleichen und sich fragen, was sie miteinander verbindet und wer aus welchem Grund besonders gut zum Unternehmen passt. Denn das führt zur Antwort auf die Frage: Wie ist es bei uns? Wer passt zu uns? Anstatt neugierig darauf zu sein, was sich intern finden lässt, richtet sich der Blick in den Markt, auf die Bewerber, auf die Wettbewerber und auf das, was alle machen. Und dann wird munter abgeguckt, kopiert und nachgemacht. Alles in der Hoffnung, dann genau so attraktiv zu werden wie die anderen. Hier hilft die Analogie zur einzelnen Person, die attraktiv sein möchte. Denn noch niemand ist wirklich attraktiver geworden, nur weil er andere nachahmt. In der Regel wirkt das nämlich aufgesetzt, unecht und damit dann auch gleich schon wieder unattraktiv, wenn nicht sogar unangenehm. Am angenehmsten sind doch meist die Personen, die ihren eigenen Kopf und Stil haben, die zu sich selbst gefunden haben, die zu sich stehen, sich ihrer selbst bewusst sind und das auch ausstrahlen. So ist das mit Unternehmen auch. Wer klare Antworten geben kann auf die Fragen nach den eigenen Stärken, Werten und Grenzen, ist klar im Vorteil, denn es wird gedankt. Es ist selbstbewusst, es ist ehrlich, und es gibt Orientierung. Bei der Unternehmenskultur geht es um Klasse statt Masse.

Im Zusammenhang mit Employer Branding bekommen Unternehmenskulturen strategische Relevanz, sie werden zum Wettbewerbs- und Erfolgsfaktor auf dem Arbeitsmarkt.[28] Es ist geradezu schmerzlich, dass sie sich der direkten Steuerung dennoch beharrlich entziehen. Eng verknüpft mit der Arbeit-

28 Wie passend, dass die Beschäftigung mit verschiedenen Kulturen, historisch gesehen, auch erst entstanden ist, als sich der Wunsch entwickelte, sich mit anderen zu vergleichen. »Dieser Begriff [der Kultur] ist gegen Ende des 18. Jahrhunderts in Gebrauch gekommen, um explizite Vergleiche der europäischen Kultur [...] mit der eigenen Geschichte und mit anderen Kulturen zu ermöglichen [...] und kommunikabel zu machen« (Luhmann 2000, S. 246 ff.).

geberattraktivität ist die Frage nach dem Glück oder Unglück, das verschiedene Unternehmenskulturen bei den Mitarbeitern auslösen können:

> »Immer wenn von Kultur die Rede ist, geht es auch um die Frage, ob der Mensch in seiner gegenwärtigen Situation als glücklich oder unglücklich zu bezeichnen ist. Die Pointe an dieser Frage ist, dass man sie immer stellen kann und dass sie auch immer zu entscheiden ist, aber von unterschiedlichen Beobachtern unterschiedlich entschieden wird« (Baecker 2000, S. 65).

Unternehmen sollten nicht fragen, *ob* sie attraktiv sind, sondern *für wen* sie attraktiv sind. Mit der Attraktivität eines Arbeitgebers verhält es sich wie mit der Liebe. Es ist höchst individuell, was als attraktiv empfunden wird. Und zu jedem Topf gibt es auch den passenden Deckel. (Ob sich jemand verliebt, steht wohl eher auf einem noch ganz anderen Blatt.) Zudem mögen wir an unseren Lieben doch gerade die kleinen Merkwürdigkeiten, die Besonderheiten, die Ecken und Kanten, die Unperfektheiten, manchmal auch die Ungereimtheiten. Es scheint absurd, von einer von allen Unternehmen anzustrebenden Unternehmenskultur im Sinne einer allgemeingültigen Arbeitgeberattraktivität zu sprechen, wie es beispielsweise die populären Arbeitgeberwettbewerbe zu suggerieren versuchen:

> »*Vertrauen* ist das Kernmerkmal einer ausgezeichneten Arbeitsplatzkultur. Vertrauen wird geschaffen durch die wahrgenommene *Glaubwürdigkeit* des Managements, den *Respekt*, der den Mitarbeitern ihrer Auffassung nach entgegengebracht wird, und das Maß an *Fairness*, mit der Mitarbeiter behandelt werden möchten. Der *Stolz* und der *Teamgeist*, den die Mitarbeiter im Unternehmen erleben, sind weitere wesentliche Faktoren einer ausgezeichneten Arbeitsplatzkultur« (http://www.greatplacetowork.de/unser-ansatz/was-bedeutet-ausgezeichnete-arbeitsplatzkultur [3.11.2015]; Hervorh. im Orig.).

Im Arbeitsmarkt punkten kann ein Unternehmen mit seiner ganz spezifischen Unternehmenskultur. Sie sollte Mitarbeitern und Bewerbern einen Anhaltspunkt geben, was im Unternehmen erwartet wird. Wie lautet der Cultural Fit? Eine starke

Arbeitgebermarke wirkt über die Fokussierung der Unternehmenskultur wie ein Filter, der die Unpassenden aussortiert.

5.3 Unternehmenskultur in Familienunternehmen

Rein quantitativ wird die deutsche Wirtschaft von Familienunternehmen geprägt. Wir sprechen von Familienunternehmen dann, wenn eine oder mehrere Eigentümerfamilien Einfluss auf das unternehmerische Geschehen nehmen (vgl. Simon 2012; Wimmer 2014). Mehr als 70 % der Familienunternehmen werden von ihren Eignern geführt, die anderen von nicht zur Familie gehörigen »Fremdmanagern«. Charakteristisch für Familienunternehmen ist, dass die Eigentümerfamilie in einer unternehmerischen Gesamtverantwortung steht, woraus sich die Eigenarten dieses Unternehmenstyps ergeben. Ein erheblicher Anteil des Familienvermögens ist im Unternehmen gebunden und soll dort auch verbleiben, um den nachfolgenden Generationen die damit verbundene Wertsteigerung zu übertragen. Es ist keine Seltenheit, dass zwei oder sogar drei Generationen einer Unternehmerfamilie gleichzeitig Einfluss auf das Unternehmen nehmen.

In einem durch uns über einen längeren Zeitraum begleiteten Industrieunternehmen mit nahezu 50 000 Beschäftigten weltweit sprach die Belegschaft von der »G3« – gemeint waren damit die Enkeltochter des Gründers sowie die Schwiegertochter des Enkelsohns, die vor ein paar Jahren in die Geschäftsleitung nachgerückt waren.

Eines der Erfolgskriterien für Familienunternehmen ist der Fortbestand des Unternehmens über mehrere Generationen (vgl. Groth u. Plate 2012). Statt von Nachhaltigkeit wird dann auch gerne von »Enkelfähigkeit« des Unternehmens gesprochen, wie bei der Firma Haniel, gegründet 1756 (http://www.enkelfaehig.de/ueber-enkelfaehig/[3.11.2015]). Eine kurzfristige Investitions-Rendite-Denke verträgt sich mit diesem Verständnis von Unternehmensführung nicht. Das unternehmerische Selbstverständnis der Unternehmerfamilien ist meist tief in der Familiengeschichte verwurzelt und prägt die Identität der Unternehmerfamilie. Aber nicht nur die Identität der Unternehmerfamilie wird von ihrem unternehmerischem Selbstverständnis geprägt, auch das von der Familie geführte Unternehmen wird von der Unternehmerfamilie geprägt und richtet sich in seinen Kommunikationswegen, seinen Programmen und seiner Kultur auch an ihr aus.

Familien und Unternehmen sind völlig unterschiedliche Arten von sozialen Systemen und folgen einer jeweils anderen Funktionslogik. Das Besondere an Familien und anderen personenorientierten sozialen Systemen (zum Beispiel Liebesbeziehungen) ist der Umstand, dass der Einzelne dort als »ganze Person« berücksichtigt wird. Alle denkbaren Kommunikationsinhalte können in Familien und Paarbeziehungen ihren Platz finden, sehr wahrscheinlich sogar diejenigen, die mit starken Affekten verbunden sind, wie körperliche Intimität oder Mord und Totschlag. Im Gegensatz dazu geht es in einem Unternehmen um Aufgabenerfüllung und Zielerreichung. Zu diesem Zweck entwickeln Unternehmen Strukturen, versorgen sich mit Personal, das sich eignet, die Aufgaben zu erfüllen, und stehen ganz im Dienste der zu erreichenden Ergebnisse. Zwischenmenschliche Beziehungen und eine die geforderte Leistung unterstützende Unternehmenskultur bringen das Unternehmen voran, sind aber kein Selbstzweck. Intime Gespräche, wie sie zwischen Liebenden geführt werden, kommen in Unternehmen nicht vor, und wenn doch, dann handelt es sich um ein erklärungsbedürftiges Phänomen. Auch in Familienunternehmen kommt es nicht etwa (wie häufig angenommen) zu einer Verschmelzung der beiden Funktionslogiken. Sie existieren parallel und entwickeln sich miteinander weiter. Unternehmerfamilie und Unternehmen sind strukturell aneinander gekoppelt.[29] So können die Unterneh-

29 Der Begriff der strukturellen Kopplung wurde von Maturana und Varela (vgl. etwa 1990) geprägt und von Luhmann für soziale Systeme aufgegriffen.

merfamilien als »unternehmerisch« und die Familienunternehmen als »familiär« beobachtet werden:

> »Wenn eine Familie als Eigentümer in der Verantwortung für ein Unternehmen ist, fließen – bewusst oder unbewusst – familienartige Werte in die Unternehmenskultur ein« (Simon 2012, S. 93).

Das geschieht, indem sich die Familienmitglieder in ihrer Kommunikation auf »aus dem Familienkontext vertraute Formen des Umgehens« stützen (Wimmer 2014, S. 35). Unternehmerfamilien übertragen ihre familiären Beziehungsmuster auf Mitarbeiter und Führungskräfte, weshalb es fast unmöglich ist, in Familienunternehmen Entscheidungen zu treffen, die sich nicht mit dem beobachteten Selbstverständnis (man könnte auch sagen: dem Image) der Familie vertragen. Impulse für Entscheidungsprämissen im Familienunternehmen können mitunter schon viele Jahre zurückliegen und werden dann in Gestalt eines Gründungsmythos weitergetragen. Häufig werden sie durch Geschichten über die Gründer am Leben erhalten.

Im bereits zitierten Industrieunternehmen werden verschiedenste Geschichten erzählt, die die Sparsamkeit und Bodenständigkeit der Eignerfamilie zum Ausdruck bringen sollen, zum Beispiel, dass der Sohn des Gründers einmal einen sehr wichtigen Gast persönlich mit seinem blauen VW-Bus vom Flughafen abgeholt hat. Oder dass die Familie der Enkelin ungeheure Strapazen auf sich genommen hat, um die Urlaubsreise nach Neuseeland möglichst preiswert zu halten und sie deshalb mehrfach umgestiegen sind. Oder dass die Enkel der Gründer selbst im Unternehmen als »ganz normale« Azubis gestartet sind.

Die für Familienunternehmen typischen Entscheidungsprämissen, die tief in der Familie verankerten Grundannahmen, die über die Kommunikation mit oder zwischen Familienmitgliedern Einzug ins Unternehmen halten, weisen den alltäglichen Entscheidungen in Familienunternehmen die Richtung, und sie sind überwiegend kultureller Natur. Familienunternehmen kommen mit viel weniger formalen Strukturen aus, die Kommunikation ist häufig sehr persönlich und informell. Hierarchien und Stellenbeschreibungen haben einen geringeren Wert als persönliche Kompetenzen und Vertrauen in die Personen.

Eine große Anzahl von Entscheidungen wird in Familienunternehmen auf der Basis kultureller Entscheidungsprämissen getroffen. Und das funktioniert meist sehr gut. Dabei zeigen sich die Grundannahmen, die als Entscheidungsprämissen in Familienunternehmen wirksam werden, immer wieder an ähnlichen Unternehmensdimensionen: Präferenz für mündliche Kommunikation, paternalistischer Führungsstil, persönliche Beziehungsgestaltung (gegenüber Kunden, Mitarbeitern und Lieferanten), netzwerkähnliche Formen unternehmensübergreifender Zusammenarbeit, Verantwortung für die Region usw. (ausführlich dazu Wimmer et al. 2005, S. 93 f.; Simon 2012, S. 93 f.).

Die in einem Familienunternehmen als familiär zu bezeichnenden Kommunikationsmuster sind nicht einfach ursächlich auf die Familienmitglieder zurückzuführen, sie entwickeln sich (wie alle Entscheidungsprämissen) selbstorganisiert.

So krabbelte uns bei einem Besuch in der Zentrale eines Tages ein Baby aus dem Büro der »G3« entgegen. Da die Bürotür offen stand, offenbarte sich uns ein Blick auf allerlei Spielzeug; verschiedene Taschen, Decken und andere Babyutensilien waren quer durch das Zimmer verstreut. Die Enkelin des Gründers begrüßte uns mit einem freundlichen Nicken und schloss dann die Tür. Beim darauffolgenden Meeting wurde das Baby auf unsere Nachfrage hin vom Geschäftsführer als die »G4« bezeichnet, die sich nun schon mal an die Büroluft gewöhnen solle. Die Personalleiterin verstand erst unsere Frage nicht, denn es sei völlig normal, dass die »G4« mit ins Büro genommen werde. Vielleicht wird sich die Personalleiterin demnächst fragen, ob es in Ordnung sei, auch ihren Sohn mal mit ins Büro zu bringen und sich dabei an ihrer Einschätzung orientieren, dass dies ja auch bei der »G4« ganz normal sei.

Personen kommt in Familienunternehmen eine zentrale Bedeutung als Entscheidungsprämisse zu. Dieser hohe Stellenwert von Personen ist typisch für Familienunternehmen und trägt stark dazu bei, dass Familienunternehmen »familiär« wirken. So werden eher Aufgaben um Personen herum konstruiert, als dies in auf kurzfristige Erfolge ausgerichteten Unternehmen der Fall ist.

> »Die Koordination zwischen den Leistungsträgern erfolgt im Unternehmen durch eine intensive wechselseitige Personenkenntnis und das damit verbundene persönliche Vertrautsein« (Wimmer 2014, S. 36).

Das heißt aber nicht, dass persönliche Interessen Einzelner mehr wiegen als das Gemeinwohl, auch wenn Personen in Familienunternehmen den Eindruck gewinnen, sie seien als Person von großer Bedeutung, sich gerne an das Unternehmen binden und außerordentlichen Einsatz zeigen. Trotz des hohen Stellenwerts von Personen ist zu beobachten, dass sich die Akteure in Familienunternehmen primär an der Leistungsfähigkeit des gesamten Unternehmens orientieren. Das heißt im Klartext, im Zweifel geht das Unternehmen vor.

Schmerzhaft enttäuschte Erwartungen hinsichtlich der Fürsorglichkeit des Unternehmens sind in Krisenzeiten häufig nicht zu vermeiden. Es mag tröstend wirkend, dass sich Familienunternehmen im Dauerkonflikt zwischen Wirtschaftlichkeit und Personenorientierung befinden und dass die Wahl, das Unternehmen der Person vorzuziehen, »nur« eine Form des Umgangs mit diesem Konflikt darstellt.

Als Erfolgswährung wird in Familienunternehmen häufig die persönliche Nähe zur Unternehmerfamilie gesehen. Wer direkt Kontakt aufnehmen darf, das entscheidet die Familie, und nicht selten ist dies auf wenige Personen begrenzt, gerade dann, wenn ein »Fremdmanagement« eingesetzt wurde und sich die Familie deshalb eher im Hintergrund hält.

Bei unserer Arbeit kommt es häufig vor, dass wir um persönlichen Kontakt zu den Eignern bitten. Als Reaktion sind fast immer große Vorbehalte und Skepsis zu beobachten. Gelingt es jedoch, den Zugang zu finden, so ergeben sich daraus zahlreiche Erkenntnisse mit erheblichen Auswirkungen auf unsere Beratungsimpulse. So war sich das Beratungssystem (Projektteam auf Kundenseite und Beraterteam auf unserer Seite) nicht sicher, ob potenzielle Bewerber beim Arbeitgeberauftritt (zum Beispiel auf der Karrierewebsite) mit Du oder Sie angesprochen werden sollten. Ein Gespräch mit zwei Vertretern der »G3« machte die Entscheidung leicht, denn eine der beiden Damen meinte, es sei ihr schlicht unangenehm, irgendeine Person, die sie gar nicht kenne, zu duzen. Denn das sei schließlich respektlos, und sie wolle nicht den Eindruck erwecken, dass sie einen Bewerber nicht wertschätze.

Kulturelle Entscheidungsprämissen lassen sich nur schwer verändern und sind nicht durch bewusstes Entscheiden direkt beeinflussbar. (Das beantwortet dann auch die Frage, ob sich die Erfolgsprinzipien von Familienunternehmen auch auf andere Unternehmen übertragen lassen. Die Antwort lautet: Nur eingeschränkt, denn die Erfolgsprinzipien sind meist kulturelle Entscheidungsprämissen.) Die Frage ist, wie leistungsfähig die durch die Familie geprägten Kommunikationsmuster für das Unternehmen sind (zum Beispiel bei wachsender Komplexität, disruptiven Veränderungen, einem Generationenwechsel ...). Typisch für Familienunternehmen ist eher ein Festhalten an Gründungsmythen, bewährten Geschäftsprinzipien und langjährigen Kunden (dazu ausführlich die zehn Wittener Thesen zu Familienunternehmen)[30]. Es kann durchaus sein, dass ein Familienunternehmen eine Krise nicht bewältigt, weil es nicht rechtzeitig erkennt, dass es nicht weitermachen kann wie bisher. Und kulturelle Entscheidungsprämissen lassen sich nun mal nicht im Eiltempo in eine gewünschte Richtung verändern.

30 Verfügbar unter: http://www.wifu.de/wp-content/uploads/downloads/2011/07/WIFU-10-Thesen-DEU-09-Einzel.pdf [3.11.2015].

5.4 Unternehmenskultur und agile Organisation

Auch wenn die agile Welle ursprünglich dafür angestoßen wurde, Software zu entwickeln – heute möchten sich nicht nur Unternehmen der Softwareindustrie, sondern auch die der Automobilindustrie, Medizintechnik und ganze Handelskonzerne »agil aufstellen«. Es ist von agiler Organisation die Rede. Aber geht das überhaupt? Lässt sich agiles Vorgehen, eine Projektmanagementmethode, als Grundprinzip auf Unternehmen übertragen? Lässt sich ein ganzes Unternehmen agil gestalten?

Was »agil« bedeutet und welchen Prinzipien agiles Arbeiten folgen sollte, ist ausführlich im Agilen Manifest (Beck et al. 2001) nachzulesen, das von 17 Koryphäen der Softwareentwicklung im Jahre 2001 verfasst wurde. Zusammengefasst lässt sich sagen: Wer behaupten möchte, dass er in der Softwareentwicklung agil vorgeht, fokussiert seine Aufmerksamkeit 1) mehr auf die Kommunikation zwischen Akteuren als auf Prozesse und Werkzeuge, 2) mehr auf das Funktionieren einer Software als auf umfassende Dokumentation, 3) mehr auf den Kunden als auf Vertragsverhandlungen, 4) mehr auf Veränderungen und die nötigen Reaktionen als auf das Befolgen eines Plans.

Dabei ist nicht aus dem Auge zu verlieren, dass es um Neuentwicklung, Design, Konzeption, Erfindung – um Projekte ging. Und genau dafür, fürs Projektgeschäft, scheint agiles Vorgehen auch ein sehr gut funktionierender und anscheinend auch sehr spaßbringender Ansatz zu sein. Agiles Arbeiten kann allerdings auch sehr irritierend sein, vor allem wenn es den bisher üblichen Vorgehensweisen in Projekten widerspricht. Agiles Vorgehen steht durch häufige Neuplanung im harten Kontrast zu den traditionellen vorausplanenden Ansätzen im Projektmanagement (Wasserfallmethode[31] etc.). Häufige Neuplanung soll Risiken senken, Wert optimieren und Kreativität nutzbar ma-

31 Das Wasserfallmodell ist ein lineares Vorgehensmodell. Jede Phase hat dabei vordefinierte Ergebnisse, die bindend für die jeweils folgenden Phasen sind.

chen. Agiles Vorgehen setzt dabei auf Individuen, die ihre Erfahrung und ihren gesunden Menschenverstand einsetzen. Agile Teams organisieren sich selbst und reflektieren kontinuierlich ihren Erfolg, Entscheidungen werden damit dezentralisiert. Das hört sich alles sehr gut an, vor allem wenn kreative Designprozesse auf diese Weise durchgeführt werden. Doch was ist mit den ganzen anderen Funktionen in Unternehmen, die eher »auf Dauer gestellt« sind, statt sich oder anderes ständig neu erfinden zu müssen? Da stellt sich die Frage, wie sich Toiletten agil reinigen, Rechnungen agil verbuchen oder Autos agil verkaufen ließen. Lässt sich ein ganzes Unternehmen agil organisieren?

Agile Führung heißt, Mitarbeitern eine Richtung vorzugeben, sie eigenständig arbeiten zu lassen und ihnen sowohl die Mittel als auch die Verantwortung zu übergeben. Und dabei davon auszugehen, dass sie das auch wollen und können. Die größte Herausforderung: Das Management muss die Kontrolle aufgeben (da Kontrolle nur eine Illusion ist, ist das ohnehin eine gute Idee ...). Dabei hilft, an die Weisheit der vielen zu glauben, an die Erfahrung und Kompetenzen der Teammitglieder und an die Kraft der Selbstorganisation der Teams. Statt Anweisungen zu geben, geht das Management in eine unterstützende, beratende, coachende Rolle – es stellt dem Team die Mittel zu Verfügung, die es braucht, um so effektiv, so schnell, so professionell und so effizient wie möglich zu arbeiten (vgl. Gloger 2013).

Werden die agilen Prinzipien verfolgt, so habe dies weitreichende Auswirkungen auf die Zusammenarbeit in einem Unternehmen. Eine agile Organisation sei dann ein Unternehmen, das sich stark an seinen relevanten Umwelten orientiere, vor allem an den Bedürfnissen von Kunden und Mitarbeitern. Es konzentriere sich weniger auf in der Vergangenheit geschmiedete Pläne, sondern reflektiere sich selbst und die erwarteten Anforderungen immer wieder neu, und zwar in kurzen Abständen. Es strukturiere sich so, dass es auf Veränderungen möglichst schnell reagieren könne, und stecke einen Rahmen, in dem Personen kreativ arbeiten könnten.

Aus systemtheoretischer Sicht hört sich das alles sinnvoll an. Ein Unternehmen, das nach diesen Prinzipien geführt wird, hat eine sehr gute Überlebenswahrscheinlichkeit. Vermutlich werden Manager, die das Geschehen in ihren Unternehmen systemtheoretisch reflektieren, zu sehr ähnlichen Entscheidungen kommen wie Manager, die ihr Unternehmen nach dem agilen Manifest auszurichten versuchen. Dieser Eindruck verfestigt sich, je tiefer man in die Welt der agilen Denk- und Vorgehensweisen eintaucht. Dort ist von selbstorganisierten Teams, rahmengebenden Strukturen, der Unvorhersagbarkeit komplexer Systeme und einem konsequenten Ausrichten am Markt die Rede. Die agile Organisation wird dabei als ein Mittel betrachtet, der Komplexität zu begegnen. Dies geschieht durch einen Fokus auf das Außen sowie eine Struktur im Inneren, »mit deren Hilfe sich die Mitarbeiter auf allen Stufen auf den Kunden ausrichten können« (Gloger u. Margetich 2014, S. 17).

Trotzdem sind Systemtheorie und Agilität nicht miteinander zu vergleichen, das eine ist eben eine Theorie und das andere eine Methode. Während die Systemtheorie spätestens seit Luhmann, von Weick, von Foerster, Baecker und Simon (siehe oben) ausführlich verfasst ist, so befindet sich Agilität noch in den Kinderschuhen – der Ansatz entwickelte sich aus der Praxis und sucht nun nach Erklärungen des Erfolgs und einem theoretischen Fundament. Aus unserer Sicht könnte dies in der Systemtheorie gefunden werden. Agile Praktiken folgen, systemtheoretisch erklärt, einer Menge von intelligenten Prinzipien; dies sind: kurzfristige Reflexionsschleifen (mitlaufende Beobachtung 2. Ordnung), starke Zweckprogrammierung der Projekte und starke Konditionalprogrammierung in den Prozessen, freies Agieren innerhalb klarer Rollenvorgaben, Ausbildung fester Prinzipien, die Wertecharakter annehmen (vgl. Groth 2015a).

Es müsste sich nur bald jemand die Mühe machen, ein solches Werk zu verfassen. Sonst droht Wildwuchs in der agilen Literatur. Andererseits scheinen agile Vorgehensweisen ein sehr interessantes Beobachtungsfeld für die Wirksamkeit systemtheoretisch abzuleitender Managementprinzipien zu sein. Und auch für die Unternehmenskultur.

Durch einen nach agilen Prinzipien gestalteten Rahmen entstehen offensichtlich andere Unternehmenskulturen als durch einen nach klassischen (wir würden lieber sagen überholten) Managementansätzen (zum Beispiel nach dem tayloristischen Prinzip) gestalten Rahmen. Für nicht so erfolgversprechend halten wir (aus weiter oben hoffentlich ausreichend spezifizierten Gründen) die in der agilen Literatur immer wieder zu findenden Appelle, die Unternehmenskultur konsequent zu verändern (zum Beispiel Gloger u. Margetich 2014, S. 17, 31).

> »Man kann sie [die Unternehmenskultur] sich entwickeln lassen oder auf bestimmte Ziele hin gestalten. Die Fragen, die sich das Management stellen muss, sind: Welche Kultur soll im Unternehmen spürbar sein? [...]« (Gloger u. Margetich 2014, S. 31).

Führung kann Kultur nicht gezielt gestalten. Die Unternehmenskultur wird sich durch die Einführung agiler Vorgehensweisen sicherlich verändern, doch ist nicht vorhersehbar, wie genau. Die Kultur ist aber selbstverständlich bei der Umstrukturierung eines Unternehmens entlang den agilen Prinzipien nicht wegzudenken. Die Kultur gibt ihrerseits einen Rahmen vor, der berücksichtigt werden muss, will man Veränderungen erfolgreich umsetzen.

> »In einem großen Automobilkonzern konnten wir zum Beispiel erfolgreiche Veränderungsarbeit leisten, weil wir eine Ansage gemacht haben. [...] In einer hierarchischen Organisation funktioniert hierarchisches Denken, um agiler zu werden« (ebd. 2014, S. 123).

Welche Hypothesen können über die Unternehmenskultur in nach agilen Prinzipien geführten Unternehmen aufgestellt werden? Laut einiger Autoren in diesem Bereich schaffen es agile Organisationen, dass Menschen gerne für sie arbeiten, mit Herz und Verstand, ja, dass sie Spaß haben, gemeinsam an einem bedeutsamen Ziel zu arbeiten. Das könnte daran liegen, dass sie ein hohes Maß an Eigenverantwortung bekommen und selbst

Entscheidungen treffen dürfen, die sie zuvor oder woanders nicht hätten treffen dürfen. Vor allem dürfen sie sich aussuchen, welche Aufgaben sie bis wann erledigen möchten. Ähnlich wie in Familienunternehmen scheint es auch eine festere Kopplung an Personen zu geben. Mitarbeiter in einer agilen Organisation erleben, dass ihre Kreativität gefragt ist und es dabei auf sie selbst ankommt. Damit steigt die Wahrscheinlichkeit, dass sie ihre Kompetenzen und ihr Wissen auch einbringen, die Organisation bleibt so nicht dümmer, als es ihre Mitglieder sind.

6 Zusammengefasst: Die 10 Gebote des erfolgreichen Arbeitens mit Unternehmenskultur

Was nun? Wie kommt am Ende alles wieder zusammen? Welches ist die Quintessenz? Das Phänomen »Unternehmenskultur« wurde hier von verschiedenen Seiten theoretisch beleuchtet. Es wäre doch ganz praktisch, nun auch konkrete Handlungsempfehlungen mitnehmen zu können. Und was nützt eine Theorie ohne nützliche Hinweise für das wahre Leben? Es sind die unterschiedlichsten Situationen denkbar, in denen es Führungskräfte und Berater mit Unternehmenskulturen zu tun bekommen. Da müsste gleich ein weiteres Buch geschrieben werden, wollte man dieser Vielfalt halbwegs gerecht werden. Statt Rezeptideen anzupreisen, möchte ich deshalb lieber ein paar (Denk-)Anweisungen geben und auf diesem Wege dazu beitragen, dass schmackhafte Menüs gelingen. Es bleibt also, dass jeder sein eigenes Süppchen kochen und vielleicht auch alleine wieder auslöffeln muss.

(0) Reflektiere Unternehmen und ihre Kulturen systemtheoretisch!

Zu Beginn das nullte Gebot als Basis für alle weiteren Gebote: Zu einem erfolgreichen Umgang mit der Unternehmenskultur kommt man über die systemtheoretische Sicht auf Unternehmen und Unternehmenskultur, wie sie zuvor beschrieben wurde (Unmöglichkeit direkter Einflussnahme, Identitätsrelevanz, Passung, Unsicherheitsabsorption, Entscheidungsprämissen, Paradoxiebearbeitung usw.). Dieser Blick auf Unternehmenskultur sollte einen entscheidenden Unterschied machen zu anderen Modellen, etwa solchen, die Unternehmenskultur als beliebig gestaltbaren Bereich beschreiben.

(1) Rechne stets mit der Unternehmenskultur!
Die Unternehmenskultur ist maßgeblich für Verhalten und Kommunikation in Unternehmen, sie prägt das Geschehen. Wer auch immer Einfluss auf ein Unternehmen nehmen möchte, kann die Unternehmenskultur nicht ungestraft ignorieren. Wer das versucht, bekommt es auf unliebsame Weise mit ihr zu tun, sie schlägt zurück. Die Unternehmenskultur kann und sollte vielmehr als Sensor für die Wirksamkeit von Gestaltungsmaßnahmen genutzt werden: Wie reagiert die Unternehmenskultur auf Veränderungen und Weiterentwicklungen des Unternehmens? Wird die kulturelle Ebene ausgeblendet, ist wesentliches Gestaltungs- und Entwicklungspotenzial verspielt. Die Unternehmenskultur ist eine Lernumgebung, aus der Führungskräfte und Berater die Qualität der eigenen Arbeit ablesen können.

(2) Das Bearbeiten von Unternehmenskultur sollte kein Selbstzweck sein!
Kulturveränderung ist nur im Zusammenhang mit einer strategischen Betrachtung der gegenwärtigen Zukunft des Unternehmens sinnvoll. Statt mit dem Gedanken zu beginnen, die Kultur müsse verändert werden, sollten Manager wie Berater immer von den Problemen ausgehen, vor denen das Unternehmen steht bzw. von den Zielen, die es zu erreichen erwünscht. Von dort aus kann die Frage gestellt werden, wie unterstützend oder hemmend die Dynamiken der Unternehmenskultur wohl sein werden.

(3) Bedenke, dass Unternehmenskulturen nicht direkt steuerbar sind!
Wer meint, er könne durch gezielte Interventionen Unternehmenskulturen in eine gewünschte Form bringen, wird scheitern. Niemand hat darüber entschieden, welche Kultur ein Unternehmen hat. Unternehmenskulturen entwickeln sich wie von selbst, hinter dem Rücken der Akteure. Sie beziehen sich immer auf die Vergangenheit. Genauso wenig, wie die an einem sozialen Sys-

tem beteiligten Akteure sich eine Kultur »gemacht« haben, so wenig können sie sie auch ändern. Deshalb sind Unternehmenskulturen schwer zu verändern, schon gar nicht per Anordnung. Das Ende der Steuerungsillusion soll aber nicht das Ende der Interventionsversuche sein. Auch wenn sich Unternehmenskulturen nicht instruktiv verändern lassen, so lassen sie sich dennoch beeinflussen.

(4) Wenn du Unternehmenskulturen verändern möchtest, spiele sie über Bande an!

Bearbeitet werden sollte immer die formale Struktur, nicht die Kultur. Unternehmenskulturen können beeinflusst werden, indem entscheidbare Entscheidungsprämissen wie Programme, Kommunikationswege oder Personen verändert werden. Jede Veränderung der Formalstruktur hat Auswirkungen auf die Art und Weise, wie im Unternehmen miteinander umgegangen wird und nach welchen Spielregeln Kommunikation gestaltet wird. Die Kultur kommentiert die Veränderungen. In welcher Weise sie dies tun wird, kann nicht vorhergesagt werden. Vielmehr sollte man situativ vorgehen, um die Auswirkungen auf kultureller Ebene zu beobachten und beim nächsten Schritt wieder neu mitdenken zu können.

(5) Kalkuliere Widerstände mit ein!

Unternehmenskulturen wirken bewahrend und erschweren somit Innovationen. Unternehmenskulturen erschweren die Kommunikation von Erfahrungen, die ihrem bewährten Bild nicht entsprechen. Unternehmenskulturen wirken für Mitarbeiter identitätsbildend. Auch deshalb reagieren Mitarbeiter auf kulturelle Veränderungen sensibel. Es geht schließlich um einen Versuch der Veränderung der eigenen Identität. Akzeptiert werden nur Veränderungen, die mit der eigenen Identität kompatibel sind. Es ist davon auszugehen, dass Personen, die gerne in einem Unternehmen arbeiten, versuchen werden, die tradierten kulturellen Regeln und damit auch die eigene Identität zu bewahren.

Wird den Erwartungen einer Unternehmenskultur nicht entsprochen, so ist mit sanktionierenden Reaktionen zu rechnen.

(6) Schließe nicht von einer Unternehmenskultur auf die nächste!

Unternehmenskulturen nehmen durch den Vergleich mit anderen Unternehmenskulturen Gestalt an. Erst der Fokus auf die ganz individuellen Merkmale einer Unternehmenskultur ermöglicht uns, den Begriff in der Praxis zu verwenden. Der Kulturbegriff bleibt sonst inhaltsleer. Doch Unternehmenskulturen sind unternehmensspezifisch. Keine ist wie die andere. Der Wettbewerb um Fach- und Führungskräfte beispielsweise erfordert, dass sich Unternehmen so reflektieren müssen, dass die Unterschiede zu anderen Unternehmenskulturen sichtbar und verwertbar werden, damit zum Unternehmen passende Mitarbeiter gefunden werden können. Es gibt dafür aber keine allgemeingültigen Kriterien für gute oder schlechte Unternehmenskulturen. Jedes Unternehmen hat seinen ganz eigenen *cultural fit*.

(7) Erspare dir die Suche nach sachlichen Gründen!

Es gibt keine belegbar sachlichen Gründe für die aktuelle Form einer Unternehmenskultur. Es hat keinen Sinn, kulturelle Kommunikationsmuster sachlich zu erklären, denn sie folgen keinen sachlichen Zwecken. Kulturelle Muster entstehen nicht, um ein bestimmtes Ziel zu erreichen, sie entstehen, um unreflektierten Erwartungen zu entsprechen. Es lässt sich schlicht nicht sagen, warum in dem einen Unternehmen unfreundlich und im nächsten freundlich miteinander umgegangen wird.

(8) Betrachte Unternehmenskulturen als Kommunikationsereignisse!

Kultur ist zugleich ein Kommunikationsereignis wie auch eine Kommunikationsstruktur und findet nicht in den Köpfen einzelner Individuen statt. Sie wird in jedem Unternehmen durch Kommunikation ausgehandelt. Eine Definition von Unternehmenskulturen darf sich nicht darauf beschränken, sich aus den gesammelten Annahmen ihrer Mitglieder zu ergeben. Es ist eines der größten Missverständnisse bezüglich Unternehmen, dass Unternehmen aus Menschen bestehen. Denn die Letztelemente von Unternehmen (betrachtet als soziale Systeme) sind Kommunikationen, nicht ihre Mitglieder.

(9) Bezeichne Unternehmenskulturen als unentscheidbare Entscheidungsprämissen oder als Menge selbstverständlich vorausgesetzter Spielregeln!

Unternehmenskultur ist als Komplex unentscheidbarer Entscheidungsprämissen zu definieren. Es kann nicht darüber entschieden werden, was sich als Kultur in einem Unternehmen entwickelt. Die unentscheidbare Kultur wirkt für die Akteure im Unternehmen ebenso als Entscheidungsprämisse wie Entscheidbares. Die Erwartungen aber lassen sich auch bei intensiver Suche nicht auffinden. Etwas pathetisch könnte man sagen, die unentscheidbaren Entscheidungsprämissen führen das Unternehmen wie von Geisterhand. Statt von Entscheidungsprämissen kann auch von Spielregeln gesprochen werden. Unter Kultur kann in einem gegebenen sozialen System (Spiel) die Menge an Spielregeln verstanden werden, die als selbstverständlich vorausgesetzt und angewandt werden und die erst ins Bewusstsein treten, wenn sie verletzt werden.

(10) Nutze die Unternehmenskultur als Deutungsrahmen für Verhalten!

Ein Blick auf Unternehmenskulturen als Orientierungs- und Deutungsrahmen für und von Verhalten ist günstig, denn er sorgt für ein besseres Verständnis der unterschiedlichsten Verhaltens- und Kommunikationsmuster in Unternehmen und zeigt, weshalb sich Personen oder ganze Unternehmen so und nicht anders präsentieren. Eine Unternehmenskultur lässt Personen erfolgreich sein oder scheitern, sie macht Vorgehensweisen möglich oder unmöglich, sie lässt Sichtweisen als richtig oder falsch gelten, Humor witzig oder deplatziert wirken, Kompetenzen sichtbar werden oder verkümmern und Aufgaben als sinnvoll oder nicht sinnvoll erscheinen. Auch daraus ergibt sich für Führungskräfte, Berater oder andere für Gestaltungsaufgaben verantwortliche Personen die Notwendigkeit eines kulturbewussten Handelns.

Literatur

Allaire, Y. a. M. E. Firsirotu (1984): Theories of organizational cultures. *Organization Studies* 5: 193–226.

Baecker, D. (1999): Organisation als System. Frankfurt a. M. (Suhrkamp).

Baecker, D. (2000): Wozu Kultur? Berlin (Kadmos), 3. Aufl. 2003.

Baecker, D. (2003): Organisation und Management. Frankfurt a. M. (Suhrkamp).

Baecker, D. (2007): Studien zur nächsten Gesellschaft. Frankfurt a. M. (Suhrkamp).

Baecker, D. (2011): Organisation und Störung. Frankfurt a. M. (Suhrkamp).

Baecker, D. (2014): Kulturkalkül. Berlin (Merve).

Baitsch, C. u. E. Nagel (2014): Organisationskultur – Das verborgene Skript der Organisation. In: R. Wimmer, J. O. Meissner u. P. Wolf (Hrsg.): Praktische Organisationswissenschaft. Lehrbuch für Studium und Beruf. Heidelberg (Carl-Auer), S. 267–288.

Barnard, C. I. (1938): The functions of the Executive. Cambridge, MA (Harvard University Press).

Bateson, G. (1981a): Eine Theorie des Spiels und der Phantasie. In G. Bateson (Hrsg.): Ökologie des Geistes. Anthropologische, psychologische, biologische und epistemologische Perspektiven. Frankfurt a. M. (Suhrkamp), S. 241–261.

Bateson, G. (1981b): Ökologie des Geistes. Anthropologische, psychologische, biologische und epistemologische Perspektiven. Frankfurt a. M. (Suhrkamp).

Baumgarten, M., H.-M. Süß a. S. Weis (2014): The cue is the key: The relevance of cue and context information in social understanding tasks of the Magdeburg Test of Social Intelligence. *European Journal of Psychological Assessment* 31 (1): 38–44.

Beck, A. T. (1979): Cognitive therapy and the emotional disorders. Rostock (Meridian), Reprint.

Beck, K. et al. (2001): Manifesto for agile software development. Verfügbar unter: http://www.agilemanifesto.org/ [2.11.2015].

Boos, F. u. G. Mitterer (2014): Einführung in das systemische Management. Heidelberg (Carl-Auer).

Burawoy, M. (1979): Manufacturing consent. Chicago/London (University of Chicago Press).

Cohn A., E. Fehr a. M. A. Maréchal (2014): Business culture and dishonesty in the banking industry. *Nature* 516: 86–89.

Cole, T. (2013): Digitale Aufklärung. Warum uns das Internet klüger macht. München (Hanser).

Collins, J. (2001): Good to great. Why some companies make the leap and others don't. New York (Harper Business).

Conzelmann, K., S. Weis a. H.-M. Süß (2013): New findings about social intelligence: Development and application of the Magdeburg Test of Social Intelligence (MTSI). *Journal of Individual Differences* 34: 119–137.

Crozier, M. u. E. Friedberg (1977): Macht und Organisation. Die Zwänge kollektiven Handelns. Königstein i. Ts. (Athenäum).

Devereux, G. (1978): Die ethnische Identität. Ihre logischen Grundlagen und ihre Dysfunktionen. In: G. Devereux (Hrsg.): Ethnopsychoanalyse. Die komplementaristische Methode in den Wissenschaften vom Menschen. Frankfurt a. M. (Suhrkamp), S. 131–169.

Echter, D. (2010): Das Geheimnis erfolgreicher Topmanager. Verfügbar unter: http://www.harvardbusinessmanager.de/blogs/a-668270.html [31.7.2015].

Foerster, H. von (1993): Wissen und Gewissen: Versuch einer Brücke. Frankfurt a. M. (Suhrkamp).

Friedberg, E. (1995): Ordnung und Macht: Die Dynamik organisierten Handelns. (Wohlfahrtspolitik und Sozialforschung.) Wien (Campus).

Geertz, C. (1987): Dichte Beschreibung. Beiträge zum Verstehen kultureller Systeme. Frankfurt a. M. (Suhrkamp).

Gloger, B. (2013): Scrum. Produkte zuverlässig und schnell entwickeln. München (Carl Hanser).

Gloger, B. u. J. Margetich (2014): Das Scrum-Prinzip. Agile Organisationen aufbauen und gestalten. Stuttgart (Schäffer-Poeschel).

Groth, T. (2015a): Neue Moden und Mythen des Organisierens. (Unveröffentl. Vortragsmanuskript anlässlich des 2. SWF-Alumnitreffens, Berlin, 8.5.2015.)

Groth, T. (2015b): Wer ist Hase, und wer ist Igel? Irritation systemtheoretisch reflektiert. *Supervision* 1: 9–16.

Groth, T. u. M. Plate (2012): Mammutaufgabe. *wir. Das Magazin für Unternehmerfamilien* (April): 15–18.

Grubendorfer, C. (2012a): Leadership Branding. Wie Sie Führung wirksam und Ihr Unternehmen zu einer starken Marke machen. Wiesbaden (Springer Gabler).

Grubendorfer, C. (2012b): Personalsuche. Klasse statt Masse. Verfügbar unter: http://www.business-wissen.de/artikel/personalsuche-klasse-statt-masse/[2.11.2015].

Halbwachs, M. (1985): Das Gedächtnis und seine sozialen Bedingungen. Frankfurt a. M. (Suhrkamp).

Hall, E. T. (1956): The silent language. New York (Doubleday).

Keesing, R. M. (1974): Theories of culture. *Annual Review of Anthropology* 3: 73–94.

Koschorke, A. (1999): Die Grenzen des Systems und die Rhetorik der Systemtheorie. In: A. Koschorke u. C. Vismann (Hrsg.): Widerstände der Systemtheorie. Kulturtheoretische Analysen zum Werk von Niklas Luhmann. Berlin (Oldenbourg), S. 49–60.

Krejci, G., A. Dreher u. E. Kleestorfer (2012): Wie ent-heroisiert man Führungskultur? (Erfahrungen eines Change Projektes der Triumph International AG Österreich.) *OrganisationsEntwicklung. Zeitschrift für Unternehmensentwicklung und Change Management* 3: 73–80.

Kühl, S. (2010a): Die formale Seite der Organisation. Überlegungen zum Konzept der entschiedenen Entscheidungsprämissen. (Working Paper 2/2010.) Verfügbar unter: http://www.uni-bielefeld.de/soz/forschung/orgsoz/Stefan_Kuehl/pdf/Formale-Seite-Workingpaper-1-25052010-endgultig.pdf [3.11.2015].

Kühl, S. (2010b): Informalität und Organisationskultur. Ein Systematisierungsversuch. (Working Paper 3/2010.) Verfügbar unter: http://www.uni-bielefeld.de/soz/forschung/orgsoz/Informalitat-und-Organisationskultur-Workingpaper-01062010.pdf [3.11.2015].

Lang, R., I. Winkler u. E. Weik (2005): Organisationskultur, Organisationaler Symbolismus und Organisationaler Diskurs. In: E. Weik u. R. Lang (Hrsg.): Moderne Organisationstheorien. 1. Handlungsorientierte Ansätze. Wiesbaden (Gabler), S. 207–258.

Luhmann, N. (1972): Weltzeit und Systemgeschichte. In: P. C. Ludz (Hrsg.): Soziologie und Sozialgeschichte. Wiesbaden (Westdeutscher Verlag), S. 81–115.

Luhmann, N. (1984): Soziale Systeme. Grundriß einer allgemeinen Theorie. Frankfurt a. M. (Suhrkamp), 15. Aufl.

Luhmann, N. (1991): Funktionale Methode und Systemtheorie. In: N. Luhmann: Soziologische Aufklärung. Aufsätze zur Theorie sozialer Systeme. Opladen (Westdeutscher Verlag), S. 209–227.

Luhmann, N. (1993): Die Paradoxie des Entscheidens. *Verwaltungs-Archiv* 84 (3): 287–310.

Luhmann, N. (1996): Die Realität der Massenmedien. Frankfurt a. M. (VS – Verlag für Sozialwissenschaften), 4. Aufl.

Luhmann, N. (1997): Die Gesellschaft der Gesellschaft. 2 Bde. Frankfurt a. M. (Suhrkamp).

Luhmann, N. (2000): Organisation und Entscheidung. Wiesbaden (Westdeutscher Verlag).

Malinowski, B. (1941): Eine wissenschaftliche Theorie der Kultur. In: B. Malinowski (Hrsg.): Eine wissenschaftliche Theorie der Kultur und andere Aufsätze. Frankfurt a. M. (Suhrkamp), S. 45–171.

Martin, J. et al. (2006): Organizational culture. Beyond struggles for intellectual dominance. In: S. R. Clegg a. C. Hardy (eds.): The Sage handbook of organization studies. London (Sage).

Maturana, H. u. F. Varela (1990): Der Baum der Erkenntnis: Die biologischen Wurzeln menschlichen Erkennens. München (Goldmann).

McCulloch, W. (1945): A heterarchy of values determined by the topology of nervous nets. Bulletin of Mathematical Biophysics 7, (July): 89–93.

Meissner, J. O. (2014): Einleitung. In: R. Wimmer, J. O. Meissner u. P. Wolf (Hrsg.): Praktische Organisationswissenschaft. Lehrbuch für Studium und Beruf.Heidelberg (Carl-Auer), S. 9–27.

Meyerson, D. E. a. J. Martin (1987): Cultural change. An integration of three different iews. *Journal of Management Studies* 24: 623–647.

Nemes, O. (2013): We have to do this together. Präsentation TEDxYouth@Budapest 23.11.2013. Verfügbar unter: http://de.slideshare.net/lific/generation-y-at-work-we-have-to-do-this-together-tedxyouthbudapest-by-orsnemes-millenials-geny?ref=http://recruitinggenerationy.com/category/vortrage-prasentationen-grafik/ [2.8.2015].

Ortmann, G. (2013): Macht, Spiel, Konsens. In: W. Küpper u. G. Ortmann (Hrsg.): Mikropolitik. Rationalität, Macht und Spiele in Organisationen. Frankfurt a. M./New York (VS – Verlag für Sozialwissenschaften), 2. Aufl., S. 13–26.

Parsons, T. a. E. A. Shils (eds.) (1951): Toward a general theory of action. Cambridge (Harvard University Press).

Peters, T. J. a. R. H. Waterman (1982): In Search of excellence. Lessons from America's best-run companies. New York (Harper & Row).

Pettigrew, A. (1979): On studying organizational cultures. *Administrative Science Quarterly*24: 570–581.

Pfläging, N. (2014): Organisation für Komplexität. Wie Arbeit wieder lebendig wird – und Höchstleistung entsteht. München (Redline).

Raeder, S. (2000): Wer definiert die Organisation? Konzept einer postmodernen Organisationskultur. Heidelberg/Kröning (Asanger).

Reckwitz, A. (1997): Struktur. Zur sozialwissenschaftlichen Analyse von Regeln und Regelmäßigkeiten. Opladen (Westdeutscher Verlag).

Reith, F. von der u. R. Wimmer (2014): Organisationsentwicklung und Change-Management. In: R. Wimmer, J. O. Meissner u. P. Wolf (Hrsg.): Praktische Organisationswissenschaft. Lehrbuch für Studium und Beruf. Heidelberg (Carl-Auer), S. 139–166.

Rodríguez, M. D. (1991): Gestion organizacional: Elementos para su estudio. Santiago de Chile (Pontificia Universidad Católica de Chile).

Ruesch, J. u. G. Bateson (2012): Kommunikation. Die soziale Matrix der Psychiatrie. Heidelberg (Carl-Auer), 2., korr. Aufl.

Ruhr-Universität Bochum (2009): Unzufriedenheitsfaktor Nummer 1: der Chef. Erste Ergebnisse der RUB-Online-Befragung. 3.500 Teilnehmer bewerteten ihre Vorgesetzten. (*Presseinformation,* Bochum, 17.08.2009.) Verfügbar unter: http://www.pm.ruhr-uni-bochum.de/pm2009/msg00257.htm [3.11.2015].

Sackmann, S. (1991): Cultural knowledge in organizations. Newbury Park, CA (Sage).

Sackmann, S. (1992): Läßt sich Unternehmenskultur machen? In: K. Sandner (Hrsg.): Politische Prozesse in Organisationen. Heidelberg (Springer), 2. Aufl., S. 157–184.

Schein, E. H. (2003): Organisationskultur. Bergisch Gladbach (Humanistische Psychologie), 3. Aufl.

Schein, E. H. (2010): Organizational culture and leadership. New York (Jossey-Bass), 4. ed.

Simon, F. B. (2004): Gemeinsam sind wir blöd? Die Intelligenz von Unternehmen, Managern und Märkten. Heidelberg (Carl-Auer), 4., unveränd. Aufl. 2013.

Simon, F. B. (2006): Einführung in Systemtheorie und Konstruktivismus. Heidelberg (Carl-Auer), 7. Aufl. 2015.

Simon, F. B. (2007): Einführung in die systemische Organisationstheorie. Heidelberg (Carl-Auer), 5. Aufl. 2015.

Simon, F. B. (2012): Einführung in die Theorie des Familienunternehmens. Heidelberg (Carl-Auer).
Simon, F. B. (2014): Einführung in die (System-)Theorie der Beratung. Heidelberg (Carl-Auer).
Simon, Weber and Friends GmbH (2015): Grundlagen der Intervention. Seminarmanuskript. Berlin (SWF).
Simon, H. A. (1955): Recent advances in organization theory. In: S. K. Bailey et al. (eds.): Research Frontiers in Politics and Government. (Brooking Lectures 1955.) Washington, DC: (Brooking Institute), pp. 23–44.
Smircich, L. (1983): Concepts of culture and organizational analysis. *Administrative Science Quarterly* 28: 339–358.
Spencer-Brown, G. (2004). Laws of Form – Gesetze der Form. Leipzig (Bohmeier).
Theis-Berglmair, A. M. (1994): Organisationskommunikation. Theoretische Grundlagen und empirische Forschungen. Opladen. Berlin (LIT).
Watzlawik, P., J. H. Beavin u. D. D. Jackson (1967): Menschliche Kommunikation. Bern (Huber).
Weick, K. E. (1985): Der Prozess des Organisierens. Frankfurt a. M. (Suhrkamp).
Weick, K. E. (1995): Sensemaking in organizations. Thousand Oaks (Sage).
Weick, K. E. (2001): Making sense of the organization. Oxford (Blackwell).
Weick, K. E. (2009): Making sense of the organization – The inpermanent organization. Vol. 2. Chichester (Wiley).
Wimmer, R. (2007): Wenn Wachstum zum Problem wird. *Handelsblatt* Nr. 57, 21.03.2007.
Wimmer, R. (2009): Führung und Organisation. *Revue für postheroisches Management* 4: 20–33.
Wimmer, R. (2012): Die neuere Systemtheorie und ihre Implikationen für das Verständnis von Organisation, Führung und Management. In: J. Rüegg-Stürm u. T. Bieger (Hrsg.): Unternehmerisches Management. Herausforderungen und Perspektiven. Göttingen (Haupt), S. 3–62.
Wimmer, R. (2014): Wie familiär sind Familienunternehmen. In: O. Geramanis u. K. Hermann (Hrsg.): Organisation und Intimität. Der Umgang mit Nähe im organisationalen Alltag – zwischen Vertrauensbildung und Manipulation. Heidelberg (Carl-Auer), S. 25–40.

Wimmer, R. et al. (2005): Familienunternehmen – Auslaufmodell oder Erfolgstyp? Wiesbaden (Gabler), 2. Aufl.

Wimmer, R., K. Glatzel u. T. Lieckweg (2014): Beratung im Dritten Modus. Die Kunst, Komplexität zu nutzen. Heidelberg (Carl-Auer), 2. Aufl. 2015.

Wohland, G. u. M. Wiemeyer (2012): Denkwerkzeuge der Höchstleister. Lüneburg (Unibuch).

Über die Autorin

Christina Grubendorfer ist Gründerin der LEA GmbH in Berlin. LEA ist Transformationspartner für Organisationen mit den Schwerpunkten Zukunft, Führung und Kultur. Christina hält Vorträge, begleitet Unternehmer als Coach, schreibt Bücher und Blogbeiträge und hat sich in der Community einen Namen mit ihrem Podcast »Organisationen entwickeln, der LEA Podcast für zukunftsfähige Unternehmen« gemacht. Seit über 20 Jahren arbeitet sie als Organisationsberaterin und bildet in Kooperation mit Simon, Weber and Friends systemische BeraterInnen aus.

Kontakt: *www.become-better.org*
www.simon-weber.de